巻頭ギャラリー

瑞輝１歳、みんな笑顔のとりこに……

保育園の夕涼み会で

サッカー
少年時代

試合中はいつも一生懸命だった

『少女像』篠澤瑞輝 作

君の声が
聞こえる

篠澤明美
Akemi Shinozawa

文芸社

目次

瑞輝へ——

二〇一一年六月二十日

あの日から一年が経とうとしています。

ここ、岩手の地に眠る君に逢うため、はるばる東大和から来たよ。

地震と津波で変わってしまった街並みをくぐり抜け、やっと辿り着きました。

高台にある君のお墓は、何もなかったように凛として立っていました。青い空も、頬に触れる風も、去年の夏と何も変わらない。

君は、襲い来る津波や燃える街を、どんな思いで見ていたの？　大変だったね。

こんな大変な時なのに、おばあちゃんとお父さんの妹・美保子ちゃんの力添えで、君の一周忌法要を営むことができました。

ずっとずっと悩んでいたけれど、お坊さんの説法に救われる思いがしました。

〝子供は親を選んで生まれてきます〟

〝勉強をするために生まれてきます〟

〝きっと、瑞輝さんも今頃は、天国で勉強しているか、誰かに生まれ変わって、一生懸命勉強していることでしょう〟

そうなのか。君はお母さんを選んで生まれてきてくれたんだ。

お母さんの子供になってくれて、どうもありがとう。
どこかで君は一生懸命生きていると思って、お母さんも一生懸命生きていこうと思います。

二〇一一年六月二十二日

岩手からの帰り道、車の中から何度も空を見上げた。
雲が動いている。
君がついてくるような気がした。
つながっているよ、お家まで。
勉強頑張ろうね、一緒に。

二〇一一年六月二十三日（命日）

瑞輝、一年経っても悲しいよ。

淋しいよ。泣きたいよ。叫びたいよ。君の名前。
助けてあげられなくて、本当にごめんね。
瑞輝、瑞輝、ごめんなさい。

二〇一〇年の悲劇

二〇一〇年六月二十四日

駐車場の車の中で、眠る君を見つけた。

助手席には練炭と、薬の山がありました。

（ああ、やってしまった）

その時のお母さんは、妙に落ち着いていた気がします。

お父さんとお兄ちゃんを呼んで、警察が来て、君の家族は三人で肩を寄せ合い、耐えて頑張ったよ。


前日、大きな黒い鞄を抱えた君は、夜勤明けの母に向かって最後の嘘をついた。

〝友達の家に泊まりにいってくるから車を貸して〟と。

「じゃあね。行ってくる」

君は、君は、玄関で母に手を振って出ていきました。

いつもは、手なんて振ったりしないのに。

どうして気付かなかったんだろう。

もう帰ってこないつもりでいるなんて思わず、泊まりにいくような友達なんていなくて、ラーメン屋さんのバイトもとっくに辞めているなんて知らずに、お母さんは、「明日帰ってきたら、シャワーを浴びて仕事に行くのよ」なんて、二十七歳の青年に向かって言いました。

上手く大人になれなくて、もがいていた君。少しずつでも良い。乗り越えてほしいと思っていた。

友達の家に泊まりにいくということは、元気になってくれたということ。

そう思ったお母さんは「明日帰ってきてね」と言って、すんなり車の鍵を渡しました。

君は「うん」と応えました。

君は何を考えながら、練炭に火を点《つ》けたの？

何を思って睡眠薬を飲んだの？

車の窓からはお家が見えてたはずなのに。

立川から、新宿にだって、岩手にだって、沖縄にだって、どこにだって行けるモノレールも見えていたでしょう？　君は未来にだって行けたのよ。

どうして羽ばたいて行かなかったの？

お父さん、お兄ちゃん、お母さんが悲しむっていうこと、どうして考えなかったの？

検死を終えた君を連れて、所沢に行くことにしました。

おじいちゃん、おばあちゃんを見送ったお母さんの実家に……。

おばあちゃんを送ったばかりだから、葬儀屋さんのことも知っていたから……。

本当はこんなことに慣れたくなんかないよ。

葬儀屋さんの車で、警察からお家、昔住んでいた団地、君の通った中学校、小学校を一つひとつ回りました。団地には君の小さい頃の思い出がいっぱい詰まってる。小学校のグラウンドでは、元気いっぱいサッカーをして走り回ったね。元気で、やんちゃだった君、優しくて明るかった君。

「しっかり見るのよ」

もう病気は治ったんだから。もう悩み苦しむことは、何もないんだから。

君を抱きかかえて、お母さんは心の中で何度も何度も語りかけました。

「良かったね、瑞輝。やっと楽になれたね」

君は何も答えないけれど、ホッとして笑っているような、穏やかな顔をしてました。


二月におばあちゃんを見送ったばかりの部屋に、君は横たわっていました。

「瑞輝、どうしてこんなところで寝ているんだ……」

所沢のおじちゃんたちが叫びました。

岩手からも、おばあちゃんや美保子ちゃん夫婦が駆けつけてくれました。

君の従兄は、「どうして瑞輝だったんだ?」と嘆きました。

でも、お母さんは泣かないよ。葬儀の前日、母は何度も君にキスをして、君の硬くなった唇にリップクリームを塗りました。

そして、そっと君の髪の毛を、ほんの少しだけ切りました。

二〇一〇年六月二十八日

斎場の入口に、君の名前の書かれた看板が立っていました。

君は、〝大きくて立派過ぎる〟って思ってないかしら？

目立ちたくなかったのにね。誰にも逢いたくなかったのにね。

大丈夫だよ。同級生の誰にも言わなかった。

でも、お母さんは知ってるよ。みんなに逢いたくても逢えなかったこと。連絡の途絶えた君を、心配していた友達がいたこと……。

後で、T君や、サッカー部の友達や、幼なじみのSちゃんには知らせたい。

R君のおばちゃんは怒るかな？　すぐに知らせなかったこと。

いいえ、きっと、許してくれると思うよ。

今日は、親族と家族だけで君を天国に送ります。

棺の中の君は、白とブルーのトルコキキョウの花に囲まれて眠ってました。天国で絵が描けるように、スケッチブックと鉛筆を入れておくね。漫画家になれると良いね。頑張るんだよ。

淋しくないように、お父さんとお母さんが君を抱っこしている写真も添えました。


鉄の扉が閉まると、あっという間に君は燃えてしまった。

お父さんが、大きな、ため息をつきました。不思議と涙は出てこなかった。

お母さんもいずれ逝《い》くから。

「バイバイ、瑞輝、いつか逢おうね」


高校を卒業した頃から、君の表情から笑顔がどんどん消えていきました。

自分で選んだはずの絵の学校を、一週間で辞めてしまった。

仕事も見つけては、すぐに辞めてしまう。

昼間、家に閉じこもり、暗くなってから外に出ていく日々。

楽しいことばかりの年齢のはずなのに、夢も希望も見いだせなかった君。

「何があったの?」

君は「分からない」と言った。

〝どうして元気になってくれないの〟〝どうして普通に生活してくれないの〟と問い詰める母に、逆に君は「どうして分かってくれないんだ」と言ったね。淋しそうな顔で、涙を流していた。どうにもならなくなって君は薬に頼り、嘔吐と下痢を繰り返しました。

母の作ったご飯を無理して食べては、外に出ていき嘔吐していた。気を遣うことなんてないのに。お母さんなんだから。

ベッドから落ちて大きな音を立てる君を心配しては、その度に父は飛んでいった。そして抱きしめていた。お兄ちゃんは、君が仕事に行ける日が少なくなってきていることを知っていました。

〝お母さんが治してあげるよ〟

〝一緒に病院に行こう〟

君の気持ちを顧《かえり》みず、お母さんは言いました。

「それだけは勘弁してほしい」って君は言ったけど、お母さんは聞かなかった。約束したつもりだった。

〝父と母と瑞輝と三人で、病院に行く〟とカレンダーに書きました。それが二十八日。目前に君は死を選び、その日が君を送る日になってしまった。

嫌だったのかもしれないけど、人は一人じゃ生きていけない。

君は一人じゃなかったんだよ。

お父さんもお兄ちゃんもお母さんも、君を見ていた。守ろうと思ってた。

君に心から笑ってほしかった。笑顔が見たいと願っていただけなの。


君を送ったあとには、やらなければならない現実が待っていました。

君の部屋と、車の中を片づけたよ。練炭、七輪、ガムテープ、ライター、飲みかけの水、大量の薬の空き袋。

練炭は、濡らせば可燃ごみで捨てられた。こんなこと知っているのは、お母さんぐらいかな？ 褒めてよ、瑞輝。母は泣きもせず淡々と、すべてをこなしました。

でも、後悔していることがあるの。

君のカレンダーには三日おきに、違う病院の名前が記してあった。クローゼットにはもうひと箱、ぼろぼろになった練炭が入ってた。君は迷っていたんだね。生きることと、この世から消えること。

何故、君のSOSに気付いてあげられなかったのか？ 見てたはずなのに、分かってるつもりだったのに、母は君を助けることができなかった。もっともっと話を聞いてあげれば良かった。〝子供のままで良いから〟って、言ってあげれば良かった。


ある日の夜、玄関先で大きな足音が響きました。

誰かを追いかけているようだった。

「この野郎！」という必死の声に驚いて出ていくと、追いかけられ、罵声を浴びせられている、君がいました。

追いかけてきたご夫婦に伺うと、君が玄関のチャイムを鳴らして逃げたのだという。数日前には玄関前に置いた鞄を盗まれたので、犯人を探しているのだと……。そんなことをすれば、疑われるのは当たり前。部屋の中を捜して鞄がなかったことで、疑いは晴れたけれど……。理解のあるご夫婦で、警察沙汰にはならなかったけれど……。

「ご子息のお年はいくつですか？」と尋ねる表情は、君を軽蔑しているように見えました。うつろな表情でたじろいでいる君の頬を、お母さんは叩いた。

〝この子は今は病気なんです〟〝本当は良い子なんです〟と言えなかった。

あの日、お母さんは君に失望していました。

職場の老人ホームに復帰しました。

七夕が近いので、笹の葉にお年寄りの願いごとを書いた短冊をたくさんつけて飾りました。楽しいはずの催《もよお》しなのに辛かったのは、ガムテープを使ったから。

どうしてくれるの？　瑞輝。君が死の手段に使った全ての物を見る度に、悲しみが込み上げてきます。

でもね、瑞輝、お母さんは頑張らなくてはなりません。悲しい顔をしていたら、お年寄りに分かってしまうもの。お母さんは負けないよ。

車に乗る度に、君が運転席にいるような気がするよ。君の最期の場所にお母さんは座って、仕事に向かいます。あの日、駐車場に向かうまでの道程、心配しながら横断歩道の赤信号を待ったことを思い出してしまう。走って渡った。

途中のコンビニにも、君がいる気がする。温泉卵と、さけるチーズを買っていたね。目立たないように帽子を目深《まぶか》にかぶって、季節外れのジャンパーを着ていた。

そんなことしたら、カッコ良さが台無しじゃない。病気にさえならなければ、君はアイドルにだってなれたよ。時々クローゼットには、そのコンビニで買った焼酎とビールがひと缶ずつ隠してあった。お母さんは、何度も怒って捨ててしまったね。

飲んだらいけないわけじゃない。一人ぼっちで飲むからよ。それも、薬と一緒に。その上喘息で吸入器を大量に使ってたのに、ヘビースモーカーは止めなかった。カッコ良くて可愛くて、何の文句もつけようのない大切な大切な君だけど、ちょっとだけ、意思が弱かったと思うよ。

コンビニ前の道を抜けると駐車場。あの日、君のことを知らせて、パトカーや、救急車や、大勢のお巡りさんが来ていたのと、同じ駐車場。君が車の中で子供のような顔をして、かすかに微笑んでいるように眠っていた、あの駐車場だよ。

母は車に乗ると、決まって君の唇に塗ったリップクリームをつける。そして、仕事に向かいます。

幼なじみの、T君とSちゃんが君に逢いにきてくれました。

「助けてあげられなくて、すみません」

と涙を流してくれました。

そんな風に思うことはない。親だって助けることができなかったのに……。

君の小さな頃からの友達は、優しい大人になっていました。二人とも、もうすぐ結婚するそうです。

サッカー部のお友達が君に逢いにきてくれました。みんな一生懸命で、輝いていた季節。ボールを夢中で追いかけていた。勝っても負けても賑やかで明るかった。

合宿の写真を見ると、みんなと肩を組んで笑っている君がいました。君だけじゃない、みんなが幼かった。やんちゃで危なっかしかった。試合の間は怪我をしないように、いつもハラハラした。自転車での付き添いも、車での送迎も、事故に遭いませんようにと心配していた。お母さんたちが、君たちを守ってた。

それがね。反対にみんなが、お母さんを心配してくれるのよ。

〝おばちゃん、体に気をつけてね〟って言ってくれるのよ。

何とも言えない不思議な感覚でした。

でもそれが、嬉しかった。瑞輝、久しぶりに会った君の友達は、君が選んだだけあって、立派な大人になっていました。

〝いつか子供は親を超えていく〟

叶わなかった当たり前のことを、君の友達が見せてくれている。

お母さんは君のお友達の成長と幸せを、心から願います。

楽しみにして生きていくつもりです。


君が、夕方から深夜まで働いていたラーメン屋さんに電話をしました。

退職することを伝えるつもりで。

「もしもし、そちらに篠澤というものが、勤めていたでしょうか？」

感じの良いおじいさんが電話口で、答えてくれました。

「ああ……篠澤君ね。いましたよ。でも辞めました。あれは、二月頃だったかな？」

そうか……。君は随分前から、仕事には行っていなかったんだ。

二月はおばあちゃんが亡くなった頃と重なる。お通夜の時も、告別式の時も、必死で参列していたんだね。今にも倒れそうな顔をしていた。食事もトイレで吐いていたでしょう。やっと来て、着てきた喪服は上下が違っていた。それを知りながら、忙しかったお母さんは君に何もすることができませんでした。君の気持ちを分かろうとしませんでした。

「しっかりして」と言うだけで……。

だから君は、本当のことが言えなかった。仕事に行っている振りをして、いつもと同じ時間に出ていって帰ってきた。

どこに行っていたの？　寒かったでしょう？

可哀そうで、今になって涙が出てきます。

何を思っても、もう遅いね。

夜中の二時頃になると、君が〝ただいま〟って、帰ってくるような気がした。

玄関前に立つと、君がエレベーターを降りて、向こうから歩いてくる気がした。

しばらく待っていたけれど、でも、君は帰ってきませんでした。

二〇一〇年八月八日

今日は父の誕生日。この日、父の故郷である岩手のお墓に、君を納骨することにしました。一生懸命考えた。そして、あの青い空、青い海を見ながら、ゆったり佇《たたず》む岩手での君の写真を見て、決心しました。

〝ここが良い〟〝岩手に連れていくのが一番良い〟と……。

お母さんの両親に、所沢で見ていてほしいと思ったりもしたけれど……。近い所にいてほしいと思ったりもしたけれど……。

君の気持ちが楽になるのなら、美しい自然がいっぱいで、ゆっくり時間が流れている岩手が一番良いと考えた。空はつながっているもの。

天国の君へ——。

二〇一〇年十月十九日

茗荷谷《みょうがだに》まで、仕事の研修に行きました。

会場に到着するまでの間、電車の中、駅のホームで、至る所に君に似た面影の青年を何人も見ました。

おかしいいね。そう見えちゃうだけかも……。似ている服を着ている、帽子をかぶっている、体型が似ている。そんなことで、君とダブらせているのかな？

カッコイイ子を見ると、〝瑞輝だって負けてないわ。おしゃれをすれば、瑞輝のほうが上よ〟なんて思ってる。

親バカって言うのかな？

生まれたばかりの君に抱いた気持ちが、再び、芽生えてきています。

二〇一〇年十月二十日

認知症のお年寄りのケアを勉強しています。

〝うつ〟という言葉があって、ハッとしました。精神面を支えるにはどうしたら良いのか……。不安のある方に対しては、どう接したら良いのか……。

〝お話を聞いたら、頷くだけ。受容しなければいけません。否定してはいけません〟

その通りだと思う。分かっています。そんなこと、分かっているのに……お母さんは君に対して、注意ばかりしていたね。

〝瑞輝、だらしがないよ〟〝瑞輝、しっかりするのよ〟〝瑞輝、目を覚ましなさい〟

そんなことばっかり言って、君を追いつめていた。

偉くなってほしいとか、尊敬されるような仕事をしてほしいとか、そんな風に思っていたわけじゃない。普通で良かった。ただ生きて、笑っていてほしかったの。

研修に来ているのに、頭の中は君でいっぱい。

二〇一〇年十月二十一日

君の夢を見ました。

顔がはっきり見えなくてよく分からないんだけど……小学生ぐらいなのかな？

君は友達と連れだって、お母さんの前を歩いていた。

お母さんは荷物をいっぱい抱えていた。途中、雨が降ってきてね。〝あっ、瑞輝が濡れちゃう。傘を届けなくちゃ〟って思って追いかけるんだけど……追いつけなかったの。そこで目が覚めた。

そうだよね。もう君は、お母さんの手の届くところにはいないんだ。

〈追伸〉先日、お父さんが先に君の夢を見たらしい。お母さんがやきもちを焼くからって、ずっと言えなかったんだって。内容は教えてくれない。ただ、君はお父さんに〝幸せだから心配するな〟って言ったんだってね。「こっち」の心配をするなんて、十年早いよ。

ごめんね。瑞輝。お母さんは毎日、君に問い掛けています。

〝どうしてあげたら良かったのか？〟

〝どうしたら、君を助けられたのか？〟

君が望んだ道なのだから仕方がないし、認めるしかないんだけれど……。これが現実なんだけれど……。

これで良かったんだと許してみたり、どうしてお父さん、お母さん、お兄ちゃんを悲しませるようなことをするのって怒ってみたり。

さまざまな思いが、堂々巡りしています。
ごめんね、瑞輝。自問自答しながら最後には、いつも君に謝っているのです。
瑞輝、お母さんは君のことを考えない日はないよ。いつも君を思っています。
大好きだよ。愛しているよ。
君の名前を大きな声で呼ぶこともある。
ふいに涙がこぼれて、止まらなくなる日もあるんだ。

二〇一〇年十月二十二日

瑞輝、今日は君の声を聞きました。
友達の名前を呼んでいたね。楽しそうに遊んでいるみたいでした。
小さい頃の声で、懐かしかったよ。でも、姿は見えない。
瑞輝、お母さんは君がいなくなって、やっぱり淋しいです。逢いたいと思います。
その声が〝お母さん、頑張って〟のエールに聞こえました。
そうなんだ。瑞輝、君はお母さんの、心の中にいつもいるんです。

ある日、団地の台所の窓から、自転車に乗って帰ってくる、小学生の君を見ていました。右手にカーネーションを一本持っていたね。

階段を駆け上がってくると君は、お母さんにプレゼントしてくれました。

急いで自転車を飛ばしたから、風にあおられたのかな？　カーネーションは茎が折れていた。でも、それが嬉しかった。一生懸命持ってきてくれたのだから。

そう。あの頃の君は、とってもとっても純粋でした。

二〇一〇年十月二十三日

今日は、Sちゃんの結婚式です。

小さい頃に、一緒に遊んだ。家族ぐるみのお付き合い。いろいろな所に家族で行きました。

あの頃に戻りたい。そして、子供の頃の君に逢えたら、どんなに良いだろう。

もう一度、君を育てて強くしてあげたいよ。

今回の君のことでは、たくさんお世話になったんだよ。同級生みんなに知らせ、動いてくれた。お母さんを、励ましてくれた。今では、お母さんのメル友だよ。

今日は、一緒にお祝いしましょう。

二〇一〇年十月二十四日

今日の晩御飯に、鮭を焼きました。香味焼きだよ。

君の最後の晩餐も鮭のムニエルでした。


あの日の前日、夜勤で留守にする母は、三人分の鮭のムニエルを作りました。一つは君の分。「ちゃんと食べてね」と言い残した。

たくさん食べて元気になってほしいと思っていた。それが君を追いつめているなんて知らずに……。

「友達と、ご飯を食べにいってくる。だから、今日のご飯は要らない」

時には、そう言って君は出ていったね。

それも母への思いやり。一緒にご飯を食べる友達なんて、いなかったくせに。本当は吐いてしまうから、食べることが辛かったくせに。

その時は分からなかった。たった三十分で帰ってくる意味。いくらおしゃべりしない男の子だって三十分でご飯を注文して食べて帰るなんてできないこと、どうして気付かなかったんだろう。

今、夜勤で出勤する母は、淋しい思いを我慢しながら、二人分のご飯を作って出掛けます。何のために生きているのか、時々分からなくなる。答えは見つからないけれど、お母さんは生きていかなければなりません。

命ある限り、一生懸命生きて生きて、そしていつか、君に逢いたいと思います。

二〇一〇年十月二十五日

茗荷谷の駅前で、君に花を買いました。今日はお給料日だからね。

大嫌いな仏花は選ばずに、かすみ草とガーベラを買いました。

気に入ってくれる？

電車に乗ると、窓から新宿の夜景が見えました。電車の中、ホームの上だけじゃない。遠くに見える高層ビルの小さな窓の中にも、君の姿を探してしまう。本当は、生きている君に逢いたいのに。

「分かっているの？　瑞輝」

君が、あの日の午後〝行ってくるね〟の言葉だけ残して、家族のもとから簡単にいなくなってしまったこと。お母さんのもとから、去ってしまったこと。

何故、お母さんを信じてくれなかったの？　家族は君の味方だったのに。たった一人で逝ってしまうなんて……。

あんまりだよ。

あの日の夜、君は車の中からどんな夜景を見ていたの？　モノレールが走っていたでしょう。パチンコ屋さんのネオンがキラキラしていたでしょう。そして、お家のあるマンションの灯りが見えていたのに。

どうしてなの？

車を一歩出れば、華やかな世界がそこにはあった。家族の待っている温かいお家がそこにはあったのに……。君の眼には見えていなかったんだね。

日にちが経てば経つほど、君という宝物を失った、悲しみが募《つの》ります。

二〇一〇年十月二十六日

瑞輝、天国はどんなところですか？　所沢のおじいちゃん、おばあちゃん、岩手のおじいちゃんには逢えた？　そしてお母さんのお腹の中で亡くなってしまった、妹の花ちゃんには逢えましたか？

瑞輝、人は何のために生きているんでしょう？

お母さんには分からない。でも、美味しいものが食べたいとか、かっこ良いスポーツカーが欲しいとか、可愛いい彼女が欲しいとか、そんなことで良いんじゃないのかな？

普通のことで良い。夢を持ってほしかった。

でも、君はそんなささいな夢も、持つことができなかった。生きていることが辛かった。死んでしまいたいと思うほど、辛かったんだね。

どう？　楽にはなれた？　天国に行って、幸せですか？

二〇一〇年十月二十七日

〝毎日顔を洗って、歯磨きをして、お風呂に入ること〟

君と、そんな子供みたいな約束をしたね。どれくらい守れただろう？

ある日、「お母さん、風呂に入ったよ」「歯も磨いたよ」って言いながら、ハーッてお母さんの顔に息を吹きかけた。

あの時は笑ったね。二人して。

それがお母さんが見た、君の最後の、心からの笑顔かな？

君の笑顔が見たかった。

でも、そんな簡単なことが、君にはできなかった。辛くて、遠い道程でした。

二〇一〇年十月二十八日

小さい頃の疑問、大きくなったら解けたでしょう？　〝なあんだ〟って感じ？

大人なんて、こんなものかって思った？

小さい頃の君は言いました。

「お母さん、僕には不思議なことがあるんだ。お母さんはいつ寝ているの？　だって、僕が目を覚ますと、いつもお母さんは起きているもの」

君は優しいね。君が大きくなってからのお母さんは、仕事や家事でくたびれたって言っては、寝ていたかもしれない。そんな姿しか見せていなかったかもしれない。

大人なんてそんなものだよ。たいしたもんじゃない。君はそんな大人が嫌だったのかもしれないね。

小さい頃の君は、いつもお母さんの傍にいてくれた。お母さんが辛い時には、悲しまないように、隣でくっついて寝てくれた。だから、〝君が苦しんでいる時、今度はお母さんが守ってあげる〟って言ったじゃない。

でも、小さい時みたいに、くっついて寝るわけにはいかなかった。君は、嫌いでも嫌でも、大人にならなければならなかった。

たいしたもんじゃない、大人になれば良かったんだよ。

二〇一〇年十月二十九日

「どうして、分かってくれないんだ」って言って君が泣いた時、抱きしめて一緒に泣いてあげれば良かった。

「分かっているよ」って答えたけれど、ほんとはわかっていなかったのかもしれない。

「また、ひっぱたくんだろう」って言った君の瞳、淋しそうだったもの。

見る見るうちに痩せていく君。見ていられなかった。薬を飲んだり、煙草を吸ったり、お酒を飲んだり、矛盾だらけの君の行動。嘔吐したり、下痢したり、見ていられなかったよ。

だからそんな生活から、救い出してあげたかった。病院に一緒に行って、治すつもりだった。治ると信じていた。

でもそれが、君には耐えられないほどの、屈辱だったのかもしれません。

二〇一〇年十月三十日

瑞輝、花みずきの葉がいつの間にか、赤くなっていました。

気付かないうちに、もう秋……。街路樹の花みずきを見る度に、いつも君を想っていました。生きている時も、そして、いなくなった今でも……。

瑞輝、君は瑞輝という名前が好きじゃないって言ったね。もっと男らしい名前が良かったって。

うんと小さい頃は、自分の名前を発音できなくって、〝お名前は？〟と聞かれる度、〝しのざわむずき〟と言っていたっけ。そんな君が可愛かった。

高学年のお姉さんに可愛がられて、〝みずりん〟と呼ばれてた。恥ずかしそうに照れていた君。間違いなく、君は人気者でした。

お母さんは、そんな〝瑞輝〟という名前、そして君が大好きだった。

君があの夜見ていた景色と、同じ景色を見ています。

車の中に少しとどまって、君が抱いていた気持ちを思ってみました。

やっぱりネオンはキラキラしてるし、モノレールの通り過ぎる音が、はっきり聞こえる。お母さんには、明るく見えるけど、君には見えなかった。違うものを見ていた。悲し過ぎるよ。

こんな狭い所で、誰にも気付かれることなく、たった一人で逝ってしまった君。

今日は何人もの人が車の前を通り過ぎていきました。家族連れだったり、仕事帰りのお兄さんだったり。少し離れた場所では、タイヤを交換している人もいる。

それでも、誰にも気付いてもらえなかった。お母さんが見つけるまで。

君はお母さんを待っていたの？　お母さんに見つけてほしかったの？

ごめんね、瑞輝。

もっと早く来てあげていたら、君は死なずに済んだかもしれない。

二〇一〇年十一月一日

台所で揚げ物をしていたら、君がひょっこり現れて、つまみ食いをするような気がします。食べられないものが多かったけれど、鶏のから揚げは好物だった。時々、いつのまにか隣に来て、つまんでいることがあったね。

「晩御飯のおかずよ」って言ったけど、本当は嬉しかった。

あの日も鶏のから揚げを作って、君の帰りを待っていたんだよ。食べてほしかった。

お兄ちゃんが言ってたよ。

「馬鹿だな、瑞輝は。こんな美味いもの食わないで」ってね。ほんとだよ。

〝お母さんの作る料理で、好きなものは何ですか?〟と保育園の先生に聞かれた時には、真顔で「納豆とたくあん」と答えていた。料理好きのお母さんに失礼じゃない?

……もともとそんなに食べるほうじゃなかったけれど……。何を作ってもつまむ程度の君が、何だったら食べてくれるのか、一生懸命考えた。体に良さそうと、旅先の高原で買ったオレンジ色の卵とほうれんそうで、サラダを作った。

そう。どこにいてもお母さんは君のことを、想っていたの。

それなのに、食べてくれなかった君。押しつけていたのでしょうか?

二〇一〇年十一月三日

所沢のおばあちゃんに逢いにきました。君のことを、お願いしようと思います。

お母さんの代わりに、君を育ててほしいから。

おばあちゃんが入院中の時は、実家と家を行き来して忙しい毎日でした。今もだけど、お母さんはおばあちゃんが大好きでした。

でも、喧嘩もいっぱいした。君とお母さんの関係と一緒だね。〝自立なんて、しなければ良かった〟〝ずっとおばあちゃんのもとにいたい〟と思ったこともあったよ。

自立って何なんだろう。ずっと子供のままでいたら、いけないのかな？

おばあちゃんを自分で介護できない現実に揺れながら、お母さんはいっぱい考えたよ。

でもね、瑞輝。人はね、いつか親から離れなきゃ駄目なんだ。

ずっと一緒にはいられないんだよ。

自立して、大人にならなければ、いけないいんだよ。

二〇一〇年十一月四日

駐車場に着いて車から降り、空を見上げると、小さな星がひとつ輝いていました。〝瑞輝かな〟って思って、声を掛けてみました。

「ただいま、瑞輝。お母さんは今日も頑張ったよ」

瑞輝。大きな空に比べると、人間てちっぽけなものだね。お母さんも君も、地球の中ではほんとに小さな小さな存在で、いてもいなくても、どうってことないのかもしれない。

人間は、どうして生きているんでしょう。どうせ、死ぬのに。どうして一生懸命仕事をしたり、勉強をしたりするんでしょう。

瑞輝、それはね。愛する人がいるからよ。

お母さんには愛する人がいるんです。

だからしばらくの間、君の傍には行けないな。

お兄ちゃん、お父さんが、お母さんを支えてくれている。

だから安心して、もう少し待っててね。

「愛しているよ。瑞輝」

お母さんは空に向かって叫びたい。

そして、生きていてほしかった。

二〇一〇年十一月七日

学生時代の友人に、おばあちゃんのことを知らせようと、喪中の葉書を送りました。同じ青春時代を過ごし、ともに泣いたり笑ったりした。彼女も、お兄さん二人を相次いで亡くしてね……。

お母さん、君の死を言えなかった。葉書には、おばあちゃんのことしか書けませんでした。隠したいわけじゃない。どうしてなんだろう。

心配をかけたくないこともある。でも一番は、君の死を認めたくないのかもしれない。二十七歳にもなっていたんだもの。どこかに留学しているとか、結婚しちゃったとか、何なりと理由をつければ、君が家にいないこと、ちっとも不思議じゃないんだ。

二〇一〇年十一月九日

コンビニに寄りました。ついつい、君がいるような気がします。
君の好きなスナック菓子を買いました。

二〇一〇年十一月十一日

今日は、三鷹で研修でした。
必死で頑張ったけど、疲れました。知り合って間もない人たちとのグループワーク。気を遣ってね。その中で良いカッコしようとして、失敗するのが常。そんな性格が嫌で、自分が嫌いになりました。

ここのところ、お母さんは職場でもおかしいみたい。

頑固になってるし、カリカリしているかもしれない。

そんなつもりはないんだけれど。

無理して元気なふりをしてるのも、そろそろ限界に来ているのかもしれません。

二〇一〇年十一月十二日

瑞輝、お誕生日おめでとう。二十八歳だね。

お母さんは、ケーキを買いました。お父さんは、焼酎とおつまみにチーズのスナック菓子を買ってきてくれました。今夜は、思い切り飲んで良いからね。

二人で君の思い出を語り合いながら、ぽろぽろと涙を流しました。そして、声をあげて笑いました。大型スーパーで迷子になって、交番に駆け込み捜索願を出したこと。団地に帰り、階段にちょこんと座っていた君を見つけた時の、嬉しかったこと。知らないおじさんに自転車で送ってもらってた。ディズニーランドでも迷子になって、カリブの海賊の前で発見した。サマーランドでストンと落ちる乗り物に乗った時は、震えて青ざめていた。ごめんね、怖い思いをさせたね。

白状するとね。一緒に乗っていたお父さんも怖かったらしいよ。でも、泣いている君、可愛かったよ。

家に飾っているどの写真を見ても、生き生きとした表情で、明るくやんちゃな君がいっぱいです。「可愛い、可愛い」と言って、また二人で泣きました。

そしてお兄ちゃんが帰ってきたら「泣いちゃだめよ」とお互いに、約束しました。

二〇一〇年十一月十三日

瑞輝、お母さん、少しくたびれた。

仕事中イライラしていることが増えている。ますます頑固になったって感じる。言葉もきつくなった。

誰のせいでもないのにね。辛いのは自分だけじゃないのにね。

知らず知らずのうちに、誰かに八つあたりしているのかもしれません。

本当の気持ち。君に逢いたい。〝淋しいよ〟って、大きな声で叫びたい。

これから先、こんな思いをしながら生きていけるのか、不安でいっぱいです。
思いっきり泣きたいです。

二〇一〇年十一月十四日

お友達とランチをしました。
心の内をたくさん聞いてもらったよ。君の思い出話や仕事の悩み、もろもろね。
それだけで、お母さんの気持ちは救われるの。元気になれるの。
でも、君にはそんな友達がいなかった。友達の家に泊まるって言った、君の最後の嘘。
悲しいです。
それを信じてしまった、お母さんが悔しいです。

二〇一〇年十一月十五日

所沢駅に着きました。コーヒーショップでコーヒーを飲んでからバスに乗るつもりです。

バスに乗ると救急車のサイレンの音が聞こえ、通り過ぎていきました。七年前におじいちゃんがクモ膜下出血で入院し、亡くなった病院が見えたよ。

救急車が通る度、おじいちゃんのことを思い出します。倒れてから、あっという間に亡くなってしまった、おじいちゃんのこと。

そして今年の二月にはおばあちゃんを送った。おばあちゃんも脳内出血を起こすまでは元気でした。〝さよなら〟も言わずに、二人とも急いで行ってしまいました。いつまでも、お母さんの傍にいてほしかった。淋しくて、虚《むな》しい気持ちでいっぱいだった。

でもね。親はいつか子供より先にいなくなります。いつまでも一緒にはいられないことを、誰もが知っています。時間は掛かるけど、いつの日か別れを受け入れることはできる。

なのに瑞輝、君は順番を間違えたよ。君は間違っている。

本当は、お母さんが先なんだ。

お母さんは、受け入れるわけにはいかないよ。

二〇一〇年十一月十六日

所沢のおじちゃんが、ぽつりとお母さんに言いました。

「力になれなくて、ごめんね」って。

君の同級生も、口をそろえて言ってくれた。

「助けてあげられなくて、ごめんなさい」

「嫌がられても、逢って話をすれば良かった」って。

みんなが謝ってくれる。誰のせいでもないのにね。

誰も悪くない。お友達も、おじちゃんも、お父さんも、お母さんも、お兄ちゃんも、そしてもちろん、君もね。誰も悪くないんだよ。

おじいちゃん、おばあちゃんの仏壇に、〝瑞輝が行ったから、養子にしてね〟ってお願いしました。

テレビでね。あるタレントさんが子宮ガンになってしまい、子供が産めなくなってしまったこと、それを時間をかけて受け入れたことを、涙ながらに告白していました。その悲しみを思うと、お母さんは幸せだね。君のお母さんになれたもの。二十七年という短い時間だったけど、たくさんの思い出がある。

君は本当に可愛かったよ。お母さんに笑顔をたくさんくれました。たくさんの、幸せをくれました。

お母さんのもとに生まれてくれたこと、子供になってくれたことを、心から、感謝しています。ありがとう。

二〇一〇年十一月十七日

お兄ちゃんに、お仕事のことで小言を言ってしまいました。〝正職員にならなければ認めない。こんな時間に家にいるなんて、まともに働いているとは思えない"なんてね。

瑞輝、君にもたくさん言ったね。〝夜じゃなく昼間働いて、もっと日数を増やしなさい〟〝正職員にしてもらいなさい〟……。外に出られず、昼間横になっている君に、ベッドから落ちるほどお酒に負けている君に。挙句の果て、嘔吐して下痢をして、痩せ細っていた君に。母は、これでもかというほどの小言を言いました。

やにだらけの部屋。散らかり放題の衣類。散乱した雑誌。こぼれたお酒。食べっぱなしのおつまみ。歯も磨かず、お風呂にも入らず、ぼさぼさの髪、黄ばんだ下着。「見たくない」「出ていきなさい」と言ったこともあった。

そんなことを言ってしまったあとは、いつも後悔していた。〝辛いよ〟って涙を流していた君の淋しそうな横顔が、脳裏から離れません。

ごめんね。瑞輝。本当は守ってあげたかった。助けてあげたかった。いつまでも、子供のままで良い。どんな姿でも良い。お母さんの傍にいてほしかったこと。ちゃんと言えば良かった。

変わらなくて良い。頑張らなくて良い。

〝そのままで良いから死なないで〟って言えば良かった。

二〇一〇年十一月十八日

瑞輝、お母さん、くじけそうだよ。お家のことも、仕事を続けることも。嫌になりそうなの。

何もかも投げ出してしまおうか？　君の傍に行きたいな。それができたら、どんなに良いだろう。

でも、できない……。

頑張り過ぎないで、平常心でゆっくり生きていかなきゃって思うけど、辛くなると、いつもと違う自分が出てきてしまう。そんな自分が嫌なんだ。

何もかも、お母さんがいけないのかもしれない。

普通じゃないのかな。家でも職場でも、素直になれない。今までと何も変わらず生活しているつもりだけど、心の中の感情が、いっぱいいっぱいで溢れそうになっている。誰のせいでもないのにね。

これが、お母さんの人生。

引きずってなんかいないつもりなのに。お母さんのもともとの性格が、頑固で我がままなんだ。君のせいじゃない。

二〇一〇年十一月二十一日

夜勤明け、君の仏壇に手を合わせながら、つぶやいた。

「ただいま、瑞輝、疲れたよ」

この頃のお母さんは、少し弱気です。

もしね。君がいないことが淋しくて仕事に影響があるとすれば、辞め時かもしれないね。なんか益々、怒りっぽくなっている。

二〇一〇年十一月二十二日

今日は雨。家の中で、のんびりしてた。テレビを見ていたら、昼間だからかな？　化粧品のコマーシャルが何回も流れていた。年齢肌だの、しわ隠しだの。〝そんなのどうでも良いのに〟って思っちゃう。年をとるって別に嫌なことじゃないもの。きれいに年を重ねたほうが、それはそれで良いと思うけど……。

お母さんは、どんな人にも、平等に与えられた試練が二つあると思うんだ。年をとること、死ぬこと。その二つのどちらも怖くない。いつ死んでも構わないって思ってる。でもね。神様に生きていなさいって言われているうちは、しわくちゃなおばあちゃんになるまで、生きてみようと思うんだ。

だからね。君に逢うのはもう少し先になりそう。

いつか君に逢える日を、楽しみにしています。

もし君に逢えた時、あんまりしわくちゃでお母さんと気付いてくれないと困るから、少しはお肌のお手入れをしておくね。

二〇一〇年十一月二十七日

心許せる友人と、君の話をたくさんしました。

久しぶりに、また君の写真を見たよ。やっぱり、君は最高に可愛いね。何にでも、一生懸命だった頃の君の姿が、そこにはある。無邪気に遊び、泣いたり、笑ったりしている。サッカーの試合では汗びっしょりだ。遠足や運動会では、友達と楽しそう。にこにこと、ピースサインをしている。小学校の卒業文集のアンケート調査を見ていたら、君は優しい男の子のナンバーワンに輝いていた。

君は、お母さんの誇りです。写真の中の君は懸命に走って、笑って、生き生きとしていました。

瑞輝、お友達がいるということは、素敵なことだよ。君にだって何でも話せる、何でも聞いてくれる友達がいたのに……君は自分から絶ってしまった。

君は大馬鹿だよ。お母さんだけじゃない。みんなが君のこと大好きだったのに。傷つけたり、傷つけられたりするのも人だけど、支えてくれたり、力になってくれるのもまた、人なんだよ。それが生きてるっていうことだよ。

〝うつ病〟になるっていうことは、そんなに甘いものではないのかもしれない。苦しくて苦しくて薬に頼ったり、お酒におぼれたり、人格が変わったり、そしてそして、死んでしまおうと思うほど……。病気になった本人にしか、分からないのかもしれないね。

理解したいと思うけど、受け入れたいと思うけど、涙が出てくるだけ。

君のいない現実に、お母さんは途方に暮れています。

二〇一〇年十一月二十八日

君の勤めていたお店と同じ系列のラーメン屋さんに、お兄ちゃんと一緒に行きました。注文をしたラーメンと餃子を作るおじさんを見ながら、思ったよ。君の作ったラーメンが食べたかった。君の作った餃子が食べたかった。

見覚えのある黒い帽子とエプロン、白いユニホーム。洗った頃が懐かしい。

その時は、油にまみれてるから洗うのが嫌だった。今は、もっともっと洗ってあげたかったと思います。

少し顔色も良くて、元気そうに見える日があった。君は何枚かの鉛筆で描いた絵を見せてくれたね。

「お母さん、今こういう絵を描いてるんだ。応募しようと思ってる。まだまだ下手だけど、漫画家になりたい。待っていてくれる?」

お母さんは「上手だよ。でも急がないで良い。いつまでも待ってるよ」って言ったよね。その夢は、どこへ行ってしまったの?　どうして、諦めてしまったの?

漫画家にならなくたって良かったよ。ラーメン屋さんにならなくたって、良かった。ただ、生きていてくれるだけで……。そして君の描いた絵は、お母さんにとって、ゴッホよりも素晴らしい。

二〇一〇年十一月三十日

駐車場を出て、家までの帰り道。空を見上げながら、君に話し掛けています。

歩いている時は、いつもそう。

朝の空。昼の空、夜の空。見える空の色は違うけど、そこにはいつも君がいる気がする。

秋もすっかり深まって、冬の足音が聞こえる。

お母さんは、何があっても負けないよ。君が見ていてくれるから。

少しずつ、生きる勇気を取り戻しました。

二〇一〇年十二月一日

通勤途中にある街路樹の花みずきの葉っぱが、ハラハラと散っていました。

もう、数えられるほどしか残っていない。風が吹いたら、もう数日でなくなるね。

秋は、もう終わり。冬が始まる。

花みずきの木を見る度に君を想っています。元気だった時も、そして今も。

葉っぱが落ちてなくなることなんて、今までは何てことなかったけれど……。今は、悲しい。君が消えてなくなるようだから。

二〇一〇年十二月三日

季節外れの大雨が降りました。

あちこちで、雨と風の被害が甚大《じんだい》。亡くなる人もいました。

毎日のように流れる、交通事故のニュース。君がいなくなる前はみんな聞き流していた。気にならなかった。

でも、今は違う。死亡事故の全てのニュースにドキドキしてしまう。

見ず知らずの人の死に、それぞれの人生があったことを思わずにはいられない。

家族の悲しみを、思わずにはいられない。

二〇一〇年十二月八日

所沢のおじいちゃんの、お兄さんが亡くなりました。

お母さんにとってはおじさんで、七年前に、おじいちゃんの告別式で逢ったでしょう。目つきや態度の悪かった君を叱ってくれた、あのおじさんだよ。

もしかしたら、あの頃から君の病気は始まっていたのかもしれないね。

おじさんは、それを教えてくれたのかもしれないのに、その時のお母さんは、気付かなかった。しっかり君を見ていなかった。向き合おうとしなかった……。

天国では、ちゃんと挨拶しなさいね。

二〇一〇年十二月九日

しばらく見ることのできなかった、君の部屋のカレンダーをめくってみました。

見覚えのある、君の筆跡。書いてあるのは複数の病院の名前。それも、三日に一度だったり、連日だったたり。

いくつの病院に行ってたの？　〝何とかしたい〟〝楽になりたい〟と思っていたのだろうけど……。いくらなんでも行き過ぎだよ。

〝病気を治したい〟〝元気になりたい〟と思っていたのなら、どうしてお医者さんの前に、家族を頼ってくれなかったの？　お母さんに〝助けて〟って言ってくれなかったの？　お医者さんに話を聞いてもらって少しは楽になれていたのなら、薬を飲んで眠れていたのなら、それはそれで良いけれど……。

でもやっぱり君は、選択を間違っていたよ。

カレンダーはずっと、六月のままです。

二〇一〇年十二月十二日

今年、この斎場を訪れるのは四回目です。

慣れたくはないけれど慣れてしまった。

嫌だね。

おじさんを送ってきました。

二〇一〇年十二月十三日

君の仏壇に、ビールが置いてありました。おつまみには、餃子が添えてあった。君のお父さん、今夜は誰と飲んだのかしら？　飲んで酔い潰れて、より涙もろくなっているのではないかしら？

いつか、君の同級生と飲む約束をしているらしいよ。

でも本当は、君と飲みたかったんじゃないのかな？　何も言わないけどね。

二〇一〇年十二月十九日

家にいるのに、君へのお参りを怠《なま》けてしまった。

ごめんね。お母さんはどうしようもない怠けものだよ。くたびれて何もしたくない時があるんだ。

毎朝、君にお茶やお水をあげたりお線香をあげるなんていうこと、本当はしたくなかったんだ。君はどうしようもない親不孝者だよ。

何を言っても、君の遺影は言い訳してくれない。反論してくれれば良いのに。

二〇一〇年十二月二十日

所沢の実家に来ました。

お母さんが子供の頃からあった、近所の工場が取り壊されていました。工場が稼働している時は、時折聞こえてくる機械の音がうるさいと思っていた。廃墟のようになっていた頃は、早くきれいに片づけてほしいと思っていた。でもそれが取り壊され、土が掘り返されて見る影もなくなっているのを見ると、妙に淋しさを覚えます。

所沢には、もうお母さんの弟しかいません。いまだに、七年前に亡くなったおじいちゃん宛に届く郵便物。主《あるじ》のいないままぽつんと置かれたおばあちゃんの車椅子。縁側に座っていると、洗濯物を干している、若かりしおばあちゃんの姿が見えるようでした。

瑞輝、実家に来るとお母さんは君の母じゃなくて、おじいちゃん、おばあちゃんの子供になっている瞬間があるんだ。

二〇一〇年十二月二十一日

瑞輝、君が家にこもって観ていたテレビ、思い切って捨てたよ。煙草の脂《やに》で茶色く汚れたアナログのテレビ。置いていても来年には映らなくなる。君の思い出が詰まっていて淋しいけれど、置いていても悲しくなるだけ。思い切って捨てました。

お父さんが、泣きながら帰ってきました。君の友達のT君とIちゃんと、一緒に飲んだんだって。高校生の時の君には彼女がいて、たくさん遊んだことが嬉しかったらしい。楽しいことを何も知らずに逝ってしまったとしたら、あまりにも可哀そうだと……。でも君にも人並みに青春があったことを聞いて、嬉しかったって……。

今日、君の友達二人がお父さんに付きあってくれたこと。子供が増えたような気がしたと言って、また、泣いていました。

二人が結婚する時には、君の分まで父と母が祝福するつもりです。

元気だった君が、何故、暗黒の世界に入り込んでしまったのか？　自信を失って、表情や人格までもが変わってしまったのか？「どうしてなの」と聞いても「分からない」と君は言ったけど……憎らしいのは、こんな病気が存在すること。

自立してどんどん大人になっていく同級生を見ると、頼もしく思える。

世の中にこんな病気がなかったら、君にも、大人になれるチャンスはいくらでもあったんだ。

二〇一〇年十二月二十三日

熱海の空から、冬の花火を観ています。

「きれいだよ。君にも見える？」

空を見上げながら、旅先からも君のことを想いました。

花火の向こうの空のどこかに、君はいるんだ。お母さんは心の中で、大きな声で君の名前を呼びました。君に届くことを願って。

お母さんの声、聞こえましたか？

お母さんの心が和《なご》みますようにと、職場の仲間が熱海の旅に誘ってくれました。

お母さんは幸せです。

二〇一〇年十二月二十四日

メリークリスマス。

君がいないと淋しいね。世間が楽しいイベントで、浮かれれば浮かれるほど……。

デコレーションケーキ、三人だと少し大き過ぎるのよ。

我が家の事情はお構いなしに、月日は巡っていきます。

それが現実。でも、だから生きていけるのかもしれません。

二〇一〇年十二月二十七日

夜勤明け。今日は家の中から、君の名前を呼びました。

「瑞輝、瑞輝」

どこにいるの？　ずるいよ。

お母さんは、生きていかなくちゃいけなくて……。君はいなくて……。お母さんは、
ずっと君に逢えないいじゃない。いつか逢えるって言ったって、何も決まっていなくっ

て……。いつになるのか教えてよ、瑞輝。
あの日、〝車を貸して〟と言った君に鍵を渡してしまったのも、夜勤明けでした。

二〇一〇年十二月二十八日

どうして、大切な家族の顔を思い出してくれなかったの？
どうして愛してくれる人のことを考えなかったの？
どうしてお父さん、お兄ちゃん、お母さんの顔、気持ちを想ってくれなかったの？
想ってくれていたら、あんな酷いこと、できるわけないじゃない。
今日は、君を非難してしまう一日でした。
分かってるつもりでも、分かることができない日もあるんです。

二〇一〇年十二月三十日

君が小さい頃に遊んでくれた、R君のおじいちゃんが亡くなったそうです。

今夜、お悔やみに行ってきました。

ずっと具合は良くなかったようですが、ここのところ頑張っていたのに……。いつか命に終わりはくるけれど、残念です。

神様、お願いです。悲しいことはもう、今日限りにしてください。

二〇一〇年十二月三十一日

辛かった一年が、やっと終わります。

明日になったら何もかも忘れ、変われるわけではないけれど、少しだけホッとしました。

新しい自分になれる気がするから。

いいえ。ならないといけないね。

車を降りて、駐車場からの帰途、今日も君に「ただいま」そして「バイバイ」と声を掛けました。

また、いつもの星がお母さんの後をついてきた。絶対、君だね。

深夜、たった四秒の何も言わない留守電が入っていた。

あれは君のメッセージなの？　何か言いたいことがあるの？

分かってる。君じゃないっていうこと。
でも、少しだけ信じてみても良いかしら？
〝お母さん、ごめんね〟って、言ってくれたんでしょう？

二〇一一年の想い

二〇一一年一月一日

早番での出勤。富士山がきれいに見えました。

今年は、良い年になりそうです。今年もよろしくね。

二〇一一年一月五日

考えようはたくさんあるよ。今日はどの妄想にしようか迷います。

堀北真希似の女性と結婚して、沖縄で幸せに暮らしている。職業はラーメン屋さん。でも沖縄は遠くてなかなか行けない。お母さん、忙しいからね。

フランスのパリに絵の勉強に行っている。将来は画家を目指してる。

ドイツにサッカー留学。もうすぐプロ契約よ。ウフフッ。

ちょっと話が飛躍し過ぎだね。でも、何だか楽しくなってきた。

君の未来を代わりに夢見てる。

母は君が引き出しの中に〝沖縄に移住〟と書いたパンフレットを取り寄せてしまってい

たことを知っています。堀北真希さんの写真集があったことも、知っています。

二〇一一年一月六日

電車で所沢に行きました。

帰りはお兄ちゃんが迎えにきてくれた。こんなささいなことが嬉しいよ。性格がまるで違うから、あんまり寄り添えないこともあった兄弟だけど、今は君のことをいっぱい話すよ。たった二人きりの兄弟だもの。

お母さんには弟が二人いて、幸せに思う。でもお兄ちゃんは、君というたった一人の弟を失ってしまった。お兄ちゃんの心の中の悲しみを思うと、辛くなる。

従兄のT君、Kちゃんが兄、姉に、Nちゃん、S君が妹、弟に、きっとなってくれると思う。いいえ、もうなってくれてるね。そして君の眠る岩手では、K君、A君が君の弟になってくれている。

瑞輝、お母さんとお兄ちゃんの絆は深いよ。君が、自分の命を以て教えてくれた、家族の絆。君が命と引き換えに伝えたかったこと。心に刻んで母は生きていく。

お兄ちゃんを大切にするよ。君の分まで。

あの日から、お母さんはずっと君のベッドで寝ています。

今夜も、君のぬくもりを感じながら眠りにつきました。

二〇一一年一月十一日

『くじけないで』という詩集を注文しました。

内容は全然分かりません。九十歳から書きはじめた、柴田トヨさんの作品ということだけ。タイトルに惹かれた。励まされそうな気がした。簡単に考えて本屋さんに行ったら売り切れでした。

今一番売れている本、つまりベストセラーだった。「取り寄せるので申し込んでください」と……。『カゲロウ』が二位でした。おばあさんも、瑞輝と同じ青年も、みんな頑張っているよ。

職場の同僚のお義母さんが亡くなり、お悔やみに行ってきました。人の命に終わりは来るんだけど、続くとやっぱりせつないです。

『赤い指』というドラマを観ました。認知症のお年寄り、それも実の親を、自分の子供を守るために犯人に仕立てようとする話。最後はできなかったけど……。

〝認知症を理解できなくても良い。だけど、尊厳だけは忘れるな〟という言葉が、心に響きました。

二〇一一年一月十三日

バイクに乗る青年が君に似ていたので、ハッとして立ち止まってしまいました。おかしくなかったかな？　お母さんの行動。

サッカー日本代表の試合を夜中に観ました。走る選手に、君の姿を重ねたよ。一生懸命、必死にボールを追いかけていたね。元気いっぱいだったね。

二〇一一年一月十五日

洗濯物を畳んでいると、君のトレーナーが出てきました。お母さんが買ったトレーナー。それを着て、部屋から出てきた君が思い出されます。

元気がなくてぼんやりしていたけれど、懐かしい。もう一度出てきてほしい。

今はお父さんが、そのトレーナーを着ています。
しばし手を止め、トレーナーを抱きしめました。そして涙しました。

二〇一一年一月十七日

君の顔から笑顔が消えた時、お母さんは君の小さい頃のことばかり思い出していた。戻ってほしいと思っていた。

保育園ではお猿の役を一生懸命にこなした。いつものやんちゃな君と違って頼もしかった。とっても上手だったから。サッカーボールを汗びっしょりで、追いかけている姿。マラソン大会で歯を食いしばって走る姿。もっともっと小さい時は、指パッチンが上手だったから、いつも拍手をして褒めていた。だから、怒られると褒めてもらおうと思って、泣きながら指パッチンをしていたね。お母さんはそんなひたむきな君が大好きだった。だから、戻ってほしいと思った。

口に出して言ってしまった。そんなお母さんが追い求めていたものが、君には苦痛だったんだね。小さい頃のスナップ写真、「見たくない」「飾らないで」と言っていたもの。ごめんね。それでもお母さんは小さい頃みたいな、君の心からの笑顔が、見たかった。

自動車保険の更新をしました。二十一歳だったり二十六歳だったり、今までは君の年齢に合わせていた。今年はお兄ちゃんの歳で良いんだね。聞かれるわけないのに、言い訳を考えている。〝次男は自立して家を出たんです〟と言えば良いんだ。そうだ、そう言おう、なんて……。やっぱり何も聞かれることなく、お兄ちゃんの年に合わせて保険料が少し安くなりました。

そんな契約を結んだあと車に乗ったら、久々に涙が出てきました。誰にも聞かれることがないから、大声で思いきり、泣きました。

主《あるじ》のいないまま、マンションの駐輪場にはバイクが停めてある。

バイク、どうしようか？　無情な月日だけが過ぎていきます。

二〇一一年一月十八日

「瑞輝、元気ですか？」

大事な大事な瑞輝。大切な大切な瑞輝。

「寒くはないですか？」

「風邪はひいていませんか？」

「喘息は酷くなっていませんか？」

「ご飯はちゃんと食べていますか？」

「瑞輝、淋しくはないですか？」

二〇一一年一月二十日

瑞輝、教えて？　この世に神様はいるのでしょうか？

お父さんが財布を落としたの。困っていることを分かってて、人は平気で盗むことができるのでしょうか？　世間には悪い人のほうが多いのでしょうか？

もう、誰も信じることができなくなりそうです。

二〇一一年一月二十三日

今度、鍵を新しくします。

君が入ってこられないことが心配だけど……。

訪ねてくることがあったら、用があったら、チャイムを鳴らしてね。お母さんがすぐに開けてあげるよ。

お母さんは、いつでも君の帰りを待っています。

二〇一一年一月二十五日

本屋さんから、詩集『くじけないで』を入荷したとの連絡がありました。九十九歳の、柴田トヨさんの書いた詩集です。

すごいんだよ。大ベストセラーだよ。でもそれよりもすごいのは、柔らかな、飾らない語り口。人生の先輩からのメッセージに心癒される。いつの間にか優しい気持ちになっている。そして、何より生きる勇気が湧いてくる、その力です。

今日は君じゃなく、トヨさんに問い掛けたい。

トヨさん、すごいですね。たくさんの苦労を乗り越えてきたからこそ、伝えられる言葉に胸が熱くなりました。息子さんご夫妻、お父さん、お母さん、ヘルパーさんなど、周りの方にいつも感謝をしていらっしゃる。周りの方々を想う優しさに満ち溢れている。淋しい時でも、くじけることなく、風や日差しまでも話し相手にしてしまう。味方にしてしまう。幸せを感じながら、ゆっくりと生きる人生。私もそんなふうに、生きていけたらなあと思います。

トヨさん、私は子供を助けることができなかった、愚かな母親です。子供に自殺という形で先立たれてしまったみじめな母親なのですが、幸せになっても良いのでしょうか？

二〇一一年一月二十六日

「ただいま、瑞輝」

帰宅すると、誰もいない部屋の君の仏壇のお線香が短くなっていました。

桜の香りだけが残っていた。

お母さんと入れ替わりに、お兄ちゃんが出掛けたばかり。

君はいつも、ひとりじゃないよ。

家のベランダから空を見上げると、たったひとつ、キラキラ光る小さな星が見えました。来てくれたんだね。ありがとう。君は優しいね。いつもいつも、空から家族を見ていてくれる。家族を守ってくれている。

二〇一一年一月二十八日

市役所。郵便局。銀行。行かなければいけないところ、やらなければいけないことが山ほどあるけれど、その気になれない。君の名前の預金通帳。葬祭費の申請。国民年金の解約などなどなど……。全部そのままだよ。

手続きをしてしまうと、君がほんとにいなくなってしまう気がする。君がいないことを認めることになる。お母さんはまだ、認めたくないんだ。

でも君がもういないこと、帰ってこないこと、ちゃんと分かってる。

また、ベランダから空を見上げて君にささやいた。

君が天国に行こうと決めた時、心の中は絶望だけだったの？　夢や希望は見えなかったの？　君を心配している友達、君を愛している家族がいたことを、どうして思い出してくれなかったの？

解決できない問題が山ほどあって、お母さんはやりきれない気持ちになる。

確かなのは、君がいないこと。助けられなかったこと。

そして、君を愛していること。

二〇一一年二月一日

業者さんが来て、家の鍵が新しくなりました。

偶然、貰ったのは三個のスペアーキー。君の鍵はなかった。お母さんに逢いたかったら……何か用があったら……透明人間になって入っておいで。

二〇一一年二月三日

今日は節分。恵方巻きを買いました。

去年は半分に切って食べたから、おばあちゃんと君を失うことになったのかしら？　辛い一年になったのかしら？

今年は、小さめにしたよ。切らないで食べてみるね。でもどっちを向いたら良いのか分からない。分かっているのはどんな出来事も、本当は何のせいでもないこと。誰のせいでもないこと。

車を降りて見た夜空。今夜は星がいっぱいで、どれが君か分からなかった。ひとつだけ、ついてくる星があってね。

それが、君だと思うんだ。

「ただいま、瑞輝」

二〇一一年二月六日

職場の老人ホームに、ボランティアで女性コーラスグループの皆さんが来てくださいました。

お年寄りと一緒に『ゴンドラの唄』を聴くうち、不覚にも涙が出てしまいました。〝いのち短し……〟の歌詞を聴きながら……二十七歳で逝ってしまった君のこと、職場では考えないようにしている君のこと、今日は想ってしまいました。

本当はどんな時も、頭から離れることはない。でも安心して。母は強いよ。いつもと同じように、お仕事をこなしました。

二〇一一年二月九日

雪はやんだけど、寒い一日です。

仕事帰り。コンビニに寄ってパスタとビールを買いました。温泉卵と、さけるチーズに目が行ったけど……一度手にしてみたけれど、買うのは止めました。

この場所で、君が立っている姿と重なってしまったから。淋しそうな姿を思い出し、泣きそうになってしまったから。

ビールを飲みながら、いつの間にかホットカーペットの上で、眠ってしまったみたい。

お父さんが毛布を掛けてくれていました。

これでも主婦かしら？

二〇一一年二月十日

天気予報が気になります。今夜から、また雪になりそう。

どうしようか？　明後日は、おばあちゃんの一周忌法要だよ。

どうか、予報が外れますように。どんなお天気でも迎えなければいけない一日。

君のこと、おばあちゃんにお願いしようと思っています。

一年前、入院中のおばあちゃんのもとに通って帰る道程。

〝何故、子供は自立しなければいけないのか？〟

何度も考えた。一人前に仕事をして、出会いがあって、結婚して、生まれた家を出る。子供を産んで育てて、年をとっていく。そんな当たり前の人生。何の疑問も感じず、求めていた人生。それなのにこうやって、実家に居たいと思う時が来るなんて。

〝自立しないで子供のままでいられたら、おばあちゃんの傍に居ることができたのに。おばあちゃんの面倒を見ることができたのに……〟

間違っているのを分かっていながら、そんなことを思う日もあった。間違っているから、君にも〝自立しなさい〟って何度も言った。だって、それが当たり前の生き方だから。

でもね、間違っていても良い。今は君に言いたい。

「瑞輝、自立しなくて良いよ。大人にならなくて良いよ。ずっとずっと、子供のままで良いよ。お父さん、お母さんの子供のままでいてちょうだい」

二〇一一年二月十二日

しんしんと雪の降る中、おばあちゃんの一周忌法要が行われました。

礼拝堂の祭壇に飾られた、おばあちゃんの笑顔の遺影を見ながら、君のことをお願いしたよ。

引き受けてくれるだろうけど、君が行くなんてこと、思ってなんかいなかったはずだよ。だって去年の今頃、君はこっちにいて、母の傍にいて、家族と一緒にいて、おばあちゃんを送っていたんだものね。

お墓の前では、よけい寒さが身にこたえました。淋しいです。

二〇一一年二月十三日

初めて、君の顔が見える夢を見ました。

雪が降ってる。君はお母さんに、タクシーを拾ってくれました。タクシーを拾ったら、お母さんを手招きして呼んでくれました。

首をすくめながら、とびっきりの笑顔で。ピースサインをしていたね。

寒さで震えているお母さんを、助けてくれたんだね。

「ありがとう」

お母さんは、心の中で君に言いました。

二〇一一年二月十四日

今日は、バレンタインデーだね。君の写真の前に、チョコレートのロールケーキを供えました。食べてくれると良いけど。

また今日も雪だよ。自然もそう。仕事もそう。家のこともそう。厳しい環境で、生きてくのは大変だよ。辛いこともたくさんある。

でもね、瑞輝。まだ、お母さんはもう少し頑張るよ。頑張れるよ。美味しいものが食べたいとか、面白い本を読みたいとか、好きな音楽を聴きたいとか、素敵な洋服が着たいとか、大変な仕事のあとには、冷たく冷えたビールが飲みたいとか……思っちゃう。そんなちっぽけな欲望のために、人は生きていると思うんだ。

君も病気にさえならなかったら、こんな当たり前の喜びを手に入れることができたはず。

今度は、もっと強い心を持った子供に生まれておいでね。

君は、〝変だよ〟って言うかな？　お母さんはまだ、美味しいものが食べたいんだ。楽しいことをしたいんだ。勉強でも仕事でも、頑張ったあとの気持ちって、すごく良いものだって思うんだ。

だから、もう少し頑張って生きるから。君に逢うのは、もう少し先になりそう。

もう少し待って。そしてお母さんが君の傍に行く時は、しっかり案内してちょうだいね。

二〇一一年二月十八日

今日の夜空に、君の星は見えなかった。雨はあがったけれど……。

曇り空だと悲しくなるよ。こんな夜は、君の傍に行ってしまいたいと思わないことはないよ。何も考えなくて良いし、何もしなくて良いし、楽になれるもの。

「瑞輝、瑞輝」

何も見えない空に向かって君を呼んでみました。

君は何も応えてくれないね。

大変なことを頑張ったあと、忙しい仕事や家事をやり遂げたあと、どんな小さなことでも、一生懸命だったなと感じることができれば、お母さんは幸せ。

それを味わいたくて、人は生きているのかもしれない。

お母さんは、まだそんな気持ちを感じたいんだ。味わいたいんだ。

だから、もう少し生きてみることにするよ。

二〇一一年二月十九日

料理番組を見て、新しいレシピを覚えたよ。

野菜スープのパイ包み。とっても美味しそうだよ。君は気に入ってくれるかな。

新しいレシピを覚える度に、淋しい気持ちにもなるんだ。料理は食べてくれる人がいて成り立つもの。自分のためじゃない。

今日の晩御飯は、お兄ちゃん、お父さんのために作るよ。

そっと、君に想いを馳せながら。

二〇一一年二月二十日

殺人事件や交通事故のニュースに、今日も真剣に聞き入ってしまった。今までは他人事だった……。でも今は、〝死亡〟や〝遺体〟という言葉に敏感になってしまう。特に年齢が気になって、君と近い年の方が亡くなったニュースには、胸が張り裂けそうになる。君より小さかったりすると、なおさら。

そして不謹慎にも、〝辛いのは自分だけじゃない。自分のほうがまだましで、乗り越えられる〟なんて、思ってしまうのです。

ただ一つだけ違うのは、彼らは死にたくなかったのに、死ななければならなかったこと。でも、君は自分で選んでしまったこと。

どっちも、納得できません。

ハンバーグが四個できちゃったよ。君がつまみ食いをしてくれたら、どんなに良いかと思います。〝友達とラーメンを食べにいく〟と嘘を言って出ていった君。本当はお母さんの作ったご飯を、食べられないから出ていった君。お母さんに気を遣ってた。

「馬鹿だよ、君は」

〝うつ病で食べられない〟〝うつ病で眠れない〟って、言ってくれれば良かったのに。〝助けて〝って言ってくれれば、お母さんは君を守ってあげたのに。

君を抱きしめて、離さなかったのに。

「それでも男か?」って、父は君に言ってしまった。

病気と分かっていたら、違う言葉を掛けられたかもしれないって、泣いていました。それを見たら、お母さんは泣くわけにはいかない。一緒に泣くわけにはいかない。父は間違っていないもの。「それで良かったのよ」って言いました。

君は分かっているよね。父も母と同じように、君が笑ってくれるのを望んでいたこと。

「瑞輝、お父さん、〝お母さんに心配かけるな〟とも言ってなかった?」

二〇一一年二月二十一日

仕事から帰って仏壇を見ると、クリームシチューが供えてありました。

父の作ったシチューだよ。スープみたいになっちゃったみたい。失敗らしい。

でも、お母さんは美味しいと思ったよ。君はどう思う? 昨日は、ハンバーグと一緒に作ったチャーハンを供えてた。

父と母は、君の心を奪い合うように、競って料理しているよ。

「また喧嘩しているの？　嫌だ。見たくない」って、君は言ったことがあったね。

ごめんね。いまだに喧嘩している。

瑞輝、大人ってそんなに偉くない。生きていると、いろいろあるんだ。お金がないと生きていけないし、疲れているとイライラするし、汚い言葉で罵《ののし》り合うこともある。〝どうしたら大人になれるんだろう？〟って、いつも反省しているよ。

でもね。いつか人は大人にならなければいけないけど、偉い大人にならなくても良いんだ。大人になったって、悩んだり、迷ったり、時には間違ったりする。そんな大人になれば良い。間違えたら、やり直せば良いんだから。喧嘩をしたって、いつか仲直りをすれば良い。言いたいことを言えないようじゃ、家族じゃないよ。それが家族というものだよ。

瑞輝、君も、思い切り泣いたり、わめいたりしてくれて良かったんだよ。

お父さんとお母さんは性格も違うし、価値観の違いもあって、喧嘩をすることがあるけれど、君への愛情は一緒だよ。どっちかが君がいないと淋しがっていたら、明るく振る舞い、どっちかが泣いていたら、涙を拭いて笑ってみせる。支え合って生きていくよ。喧嘩をしても、必ず仲直りすることを君に約束するよ。

君を思う気持ちは一緒なんだ。

二〇一一年二月二十二日

実家から、おばあちゃんの仏壇に供えてあった、夏ミカンを貰って帰ってきました。ほぐして、お砂糖をまぶして食べたよ。お母さんが子供の頃、亡くなったおじいちゃんがよく作ってくれた。

昔はお洒落な甘いスイーツなんて、なかったからね。とても美味しく感じた。それとも、お母さんへの愛情がたっぷりだったからかな。

親ってそういうものだよ。

久しぶりにおじいちゃんのこと、思い出しました。

二〇一一年二月二十四日

おばあちゃんの命日です。

お兄ちゃんと一緒に、お墓参りに行ってきました。チューリップの花を持って……。

去年の今日は大変だった。一年て、なんて早いんでしょう。ついていけないよ。

でもね。お母さんは、その月日の早さが怖くないんだ。嫌じゃないんだ。むしろ、早いほうが良い。もっともっと、早く年をとりたい。

そして、君に近づきたいんだ。

ニュージーランドで、大きな地震が起きました。大勢の若者が犠牲になってしまいました。痛ましくて、辛いです。特に未来ある若者の死は、残念でたまりません。ご両親のこと、ご家族の悲しみを思ってしまう。家族を失うということ、淋しさは、日に日に募《つの》り消えないものだから。

二〇一一年二月二十五日

おばあちゃんの弟のMさん。電話をしようと、携帯のアドレスを探していたら、マミムメモのミで、瑞輝の名前が何回も出てきました。

つながらない電話。生きている時もなかなか、つながらなかったけどね。

メールもしてくれなかった。友達との連絡も絶ってしまって。

お母さんとだって、家の電話から。それも「ビデオを返しにいくから、車を貸して」と言うだけ。淋しいといつも思っていました。でも短い言葉でも、君からの電話を心待ちにしていました。

君の携帯の電話番号、そのまま残っているけど、かける勇気がありません。〝つながりません〟の言葉を聞くのが怖いから。

消さないのは、そのまま残しておいたら、いつか、天国につながる気がするから。あり得ないことは、分かっている。目《ま》のあたりにしたくないから、かけはしないけど、つながることを信じて、そのままにしておきます。

二〇一一年二月二十六日

スーパーに行って買い物。コーヒーショップで本を読みながら、アメリカンコーヒーを飲んだ。お母さんの幸せで楽しい時間です。

ファーストフード店でフライドチキンを買ったから、君の仏壇に置いたよ。

お母さんの幸せのおすそわけ。食べてね。

二〇一一年二月二十七日

ニュージーランドの地震の続報が流れてる。まだ瓦礫の下に残されている方がいるみたいです。

分かっているのに救えない命がある。可哀そうでなりません。

君も苦しんでいたこと、分かっていたのに、どうすることもできなかった。救うことができませんでした。

ごめんね、瑞輝。

二〇一一年三月三日

知人の娘さんの〝みずき〟ちゃんはお嫁に行きました。職場の同僚の子供の〝みずき〟ちゃんは小学生になったそう。うちの〝みずき〟は……。

レースのカーテンのままにして君のベッドで寝ていたら、朝日の明るさで目が覚めました。こんなにいっぱい光が差し込んでいたのに、君には明るい明日が見えなかったのかな？

二〇一一年三月四日

お兄ちゃんが、君にお線香をあげていました。決して仲の良い兄弟とは言えなかったけれど、君のことをいつも気に掛けていた。君を見ていた。心配していた。弟を亡くしたお兄ちゃんの気持ちを思うと辛くなる。

そして、ここには、子供を亡くした親がいる。

「馬鹿だね。君は」

お母さんは、お兄ちゃんを体を張って守ります。

二〇一一年三月五日

今日も瑞輝の名前を、大きな声で呼びたくなったよ。

道を歩いていても。スーパーの中でも。コーヒーショップの中でも。

小さな子を見れば、君の小さい頃のとび跳ねている無邪気な姿を、少年を見れば、小学生の頃の走っている姿を。いつもいつも元気だった。青年を見れば、〝君だって病気じゃなかったら夢をいっぱい持っていた。恋に仕事に頑張れたはず。どんな大人になっていただろう〟と思ってしまう。お母さんの中の君は大人になれずに、子供のままで止まっている。

でもね。子供のままで良かったのよ。大人にならなくて良かったのよ。無邪気に笑っていてくれたら、それだけで良かったの。ただ、生きてさえいてくれたら……。

スーパーで、知らない家族連れのお父さんが、小さい女の子を、〝みずき〟と呼んでいた。思わず、振り向いてしまったよ。

おかしいかな？　全ての〝みずき〟ちゃんを応援したくなる。

二〇一一年三月八日

瑞輝、ごめん。君の郵便局の生命保険、止めました。君がいないことを認めたくなくて、ずっとほうっておいたのだけれど……。

親切な郵便局のお兄さんが、「年が近いです」と悲しそうな顔で対応してくれました。「うつだったんです。自分が見つけたんです」なんて余計なことを話したら、涙が出てしまった。ずっと人前では泣かなかったのにね。どうして知らないお兄さんの前で、涙が出ちゃったんだろう。

それでも、帰りにはお腹が空いている。自殺だと保険金が何も出ないという現実にため息も出た。いやらしくて嫌になる。どうなっているんだ。お母さんの頭の中、心のうち。

市役所では年金を止めて、葬祭費の請求をしました。辛い辛い手続きでした。君が生まれた時もここに、出生届を出したんだね。産業祭で遊んだり、人形劇を見にきた思い出の場所でもある。

何気なく外を見たら、市役所の中庭を歩く青年が、君にそっくりだった。背中を丸めながら、ポケットに手をつっこんで歩いていた。君の姿と重なりました。

今日は、見ず知らずの会う人会う人がみんな優しくて、半年分の涙が出てしまいました。

二〇一一年三月十日

韓国のスター、パク・ヨンハさんの映像がテレビで流れていました。

昨年の六月に自殺してしまったの。そう、君のすぐあとのことだった。三十日のこと。はっきり覚えてる。職場のテレビのニュース速報で、そのショッキングな出来事を聞いていた。複雑な思いを抱えながら……。

普通の顔をして語り合った。

「こんな若さで、早過ぎる」と……。

その時ばかりは自分の強さに驚いた。褒めてね。

でも、ごめんね。君を強く産んであげられなかったこと。お母さんに似てほしかったよ。

天国では、パク・ヨンハさんにも逢えるのかしら？

二〇一一年三月十一日

東北地方で、とても大きな地震が発生しました。関東地方もすごく揺れました。地震で怖いと思ったのは、生まれて初めて。

生きていると、辛いことが多過ぎる。時間の経過とともに明らかになる、被害の甚大さにただただ、驚くばかりです。

二〇一一年三月十二日

岩手の青い海が、津波で無残な状態です。

君の好きだった岩手の、青くてきれいな海。青い空も赤い炎に侵されてしまった。炎は街を焼きつくしてしまいました。本当に恐ろしい光景です。

こんなことが、世の中にはあるんだ。

助けて、瑞輝。人々と自然を守ってちょうだい。犠牲になった方が、二百人、三百人と信じられない早さで増えていく。大勢の子供たちも、天に召されてしまいました。

これ以上、亡くなる方が増えませんように。東北の方々を助けてあげて。

お願いです。

おばあちゃん、美保子ちゃんと連絡がとれない。

二〇一一年三月十四日

職場に、福島出身の男の子がいます。彼のおばあちゃんが地震の犠牲になってしまいました。気の毒で、言葉にならない。

崩れるように泣いていた。突然襲った災害で、一瞬のうちに壊されてしまった家族の幸せ。どれだけの方が涙に暮れているのだろう。どれだけの家族が、悲しい別れに耐えているのだろう？

お母さんは、彼の背中に、心の中で言いました。

「今は、思い切り泣いて良い」

「辛いけど、いつか涙の乾く日がくるから」

二〇一一年三月十六日

計画停電が実施されました。

君の蝋燭《ろうそく》を借りたよ。真っ暗な中、揺れる炎を見ながら、被災地のこと、そして君のことに思いを巡らせました。ほんの数時間の不便なんて、被災地の方々の辛さ、悲しみを思えば、何てことはありません。

君は自分で死を選んだ。でも、死にたくなかったのに、死ななければならなかった人がいる。直前まで一緒に暮らし、笑顔があった。夢と希望がいっぱいだった。みんなで手をつないでいた。それが一瞬で離れてしまった。どんなに辛いことでしょう。

君とだって、お母さんは手をつないでいたつもりだよ。

瓦礫の下の家族を捜しながら、「一緒に死んでしまえば楽だけど、生かされたからには頑張るしかない」とインタビューに答える方がいました。

何てたくましいんでしょう。東北の方々の粘り強さに、ただただ敬服するばかり。絶対に復興します。よみがえります。

お父さんの従兄を通じて、岩手のおばあちゃん、美保子ちゃん家族の無事が分かりました。声を聞けなくて心配は絶えないけれど、少しほっとしたところです。

瑞輝、これからもよろしくね。

二〇一一年三月十八日

瑞輝、ありがとね。

Kちゃんの所に岩手のみんなから、連絡があったそうです。

「みんな無事だよ。お墓も流されてないよ」

実は君のお墓、心配だったんだ。君が守っている。守っていてくれているんだと、お母さんは信じてる。

人間て無力かもしれないけど、小さいことしかできないかもしれないけれど、どんなことでも始めてみれば、誰かの力にはなれるかもしれないね。

さて、少し安心したところで、何ができるか考えてみようと思います。

瑞輝、今ね。日本は大変なことになっているんだよ。とてつもなく辛い体験、お母さんなんかには、想像もできないほどの悲しい思いを抱えた方がたくさんいらっしゃいます。

それなのに、みんな涙が乾く前から立ち上がろうとしている。すごいことだよね。人間てちっぽけな存在かもしれないけど、ひとつになれば、大きな力になるんだね。

そして、生きる勇気に変わるんだ。

二〇一一年三月二十一日

所沢のおじちゃんと一緒に、お墓参りに行ってきました。雨降りで寒い一日です。

君と一緒に来たこともあった。君の分までお祈りしたよ。

「どうしていますか？　おじいちゃん、おばあちゃんの傍から離れないでね」

おじちゃんがぽつりと言いました。

「今は、上の世界のほうが楽かもしれないな……」

お母さんもそう思う。生きていくのは大変だ。

君は、今頃後悔していませんか？　生きていれば、誰かのために何かできたかもしれない。やれることがあったかもしれない……。

君の居場所があったかもしれないね。

君のお墓参りも兼ねて、六月には岩手に行きたいと思っています。一周忌はできなくても良いかしら？　その頃には、岩手に行けるようになるかもしれない。君の一大事に飛んできてくれた、おばあちゃん、美保子ちゃん家族のために、何かできることがあるんじゃないかと考えているの。

だから、行くだけで一周忌をできなかったとしても、許してくれる？

二〇一一年三月二十三日

君の部屋、君のベッドで寝ていると、いつもと変わりないんだけれど、今日は君がここに居るような気がします。

台所。洗面所。お風呂場に居なかった？　でも姿は見えない。頭の中から君が離れないから、居るような気がするだけなのかな？

最近は夢にも出てこないもの。

きっと、天国で幸せなんでしょう。そう思いたい。

都知事選の知らせが届いていた。そこには、お父さん、お兄ちゃん、お母さんの名前だけ。宛名に君の名前は、なかった。

二〇一一年三月二十九日

久しぶりに、昔住んでいた団地に行きました。

新青梅街道沿いに見えた、懐かしい公園。商店街。

君の小さい頃は、活気に溢れていたね。そして、何度も何度もサッカー応援に通った小学校。そこには元気な君がいました。確かに懸命に生きていた、君がいました。どうしても思い出してしまう。

今は、知らない人が住んでいる団地の四階を見上げてみました。

あの頃に戻れたら、小さい子供の頃の君のままで、母も若い母親のままでいられたら、どんなに良いだろう。

でもね。いつまでも、過去を振り返ってはいられない。

前を向いて生きていかなければいけない。

瑞輝、今、日本とお母さんは、頑張らなければいけないんだ。

お母さんは振り向かないよ。

二〇一一年三月三十一日

やっと、美保子ちゃんの声が聞けました。

避難所から電話をかけてくれた。自宅は残ったけれど、周囲は燃えてしまったお家が多いらしい。

「これから避難所のみんなと一緒にご飯を作る。頑張る」と、力強く言っていました。

そんな気持ちを思うと、瑞輝、今日は君に〝馬鹿野郎〟と言うよ。

「馬鹿野郎！」

君は死にたかったかもしれないけど、死にたくないのに、もっともっと生きたかったのに、死んでしまった人がいっぱいいるんだ。どうして命を無駄にするの？　どうして逃げたの？　練炭を買って火を点《つ》けるなんてことができるんだったら、そんな間違った勇気があるんだったら、そのエネルギーを、東北地方の苦しんでいる方々にぶつけなさい。

厳しい母はあえて君に言う。

君のやるべきことは、他にあったんだ。

二〇一一年四月三日

瑞輝、お母さん、〝君は順番を間違えた〟と前に言ったけど、順番どおりで間違えなくても辛いことが起こってしまいました。

それが小さな子供であればあるほど、理不尽さを感じます。

世の中に、神はいるのでしょうか？

三月十一日の大震災では、多くの小さな子供たちが親を失いました。それでも我慢して我慢して、涙を見せない子がたくさんいるの。無理して、泣かないで、耐えている。

可哀そうで可哀そうでたまらない。心配です。

お母さんの苦しみなんて、小さなもの。君という宝物を失った悲しみは大きいけれど、命の重みは大きいけれど、あの子供たちの悲しみに比べたら、小さなものだと思えます。

二〇一一年四月四日

仕事から帰ると、玄関前の忘れな草がきれいに咲いていました。

朝、出ていく時はしおれていたんだ。忙しいけど、水をあげてから出掛けた甲斐がありました。

水の力はすごいね。お花の生命力はすごいね。そして癒されます。

あの日の君のペットボトルには、水がたくさん残ってた。睡眠薬を飲むのには十分過ぎたんだね。

喉、渇いてない？

今日もお水とお茶を君に捧げました。

二〇一一年四月五日

今日は岩手のおばあちゃんの声が聞けました。

「大丈夫だよ」

と元気な声でした。

高齢なのに若くって、岩手のお家の坂道をいまだに駆け上がってる。

おばあちゃんも、昔二歳の我が子を事故で亡くしているの。お父さんのお姉さんにあたるそうです。

君の時にはお母さんに「頑張ってね」と言ってくれました。あの言葉は義母としてではなく、一人の女性として、一人の母親に向けた言葉だったと思います。

嬉しくなって、思い切って外に出ました。

瑞輝、桜が咲いたよ。まだ、三分咲きぐらいだけど、とってもきれいだよ。

自然というものは素敵だね。恐ろしいものでもあるけれど……。

それが、自然なのかな？　今日は自然に心癒されています。

二〇一一年四月七日

君の仏壇に、バナナが置かれていました。お兄ちゃんが買ってきたみたい。

ずっとずっと寄り添えず、分かり合うことができなかった兄弟。

でも、お兄ちゃんは君を想っていたよ。だから怒ったり、突き放すようなことを言うこともあった。お父さんやお母さんよりも傍に居たんだ。

君が、週に二日しか仕事に行っていなかったこと、仕事に行く曜日まで知っていたのは、お兄ちゃんでした。

二〇一一年四月十日

お母さんの下の弟のお義母さんが、突然亡くなってしまいました。

告別式です。棺の中に、お別れの花を捧げました。

きれいなお花に囲まれて、君の居る世界に旅立ちます。

最期まで故郷・宮城県気仙沼の心配をされていた。穏やかなお顔をされていたので、少しは安心できたことでしょう。

実家の仏間の畳には、蝋燭の落ちたあとが残っています。ここから、父、母、そして君を送った。古い畳を見ながら、冷たくなって横たわる君の姿を思い出しました。

テレビの画面は、いまも被災地で、瓦礫の下の小さな娘さんを探しているご両親の姿を映し出していました。

どうかこれ以上、大切な命を奪うのは止めてください。

二〇一一年四月十四日

君が夢に出てきたようなんだけど、ただ、その感覚が残っているだけ。目が覚めたら忘れてしまいました。

いったい何が言いたかったの？　何を伝えたかったの？

悔しいです。

覚えてなくてごめんなさい。また、いつでもおいでね。

待ってるよ。

二〇一一年四月十五日

家のことをしながら、今日も君の写真を眺めてる。

ちっちゃい頃の君は無邪気だね。

「可愛い」「可愛い」

君はお母さんの宝物。天使みたいだよ。

二〇一一年四月十七日

小さなお客様が、君にお線香を手向《たむ》けてくれました。最後の写真に一緒に仲良く写ってる、君の従兄の子供のYちゃん。君を〝瑞輝兄ちゃん〟と呼んでくれていた。

君の五歳の時の手形に、そっと手を置き、合わせていました。

お母さんの中の瑞輝、今日は五歳です。

二〇一一年四月十九日

おじいちゃんの命日。

実家の庭の花みずきが、一生懸命咲いていた。

大好きな大好きな花みずき。おじちゃんが、今年もきれいに咲かせてくれたよ。

目立たないけど、けなげに咲いている。キラキラと輝いている。

二〇一一年四月二十二日

車から降りて夜空を見上げた。今夜はいつもの場所に星が見えない。

「居ないの?」

少し遠くの空に見える星が、君かしら?

駐車場ではいつも君を探してしまう。

二〇一一年四月二十六日

車で街中を走っていると、自転車に乗って君と通った病院が見えました。

小さい頃、自転車の車輪に足を入れて怪我をしてしまった。

ごめんね。あの時は痛い思いをさせてしまったね。可哀そうだった想いが込み上げてくる。

古い古い記憶。もう時効かな?

二〇一一年四月二十七日

君の仏壇に、さりげなくマルボロが置かれていた。お兄ちゃんだね。もう禁煙しなくて良い。許してあげるよ。

二〇一一年四月二十八日

君の母校の高校前を、車で通りました。何回か通った見覚えのある校門。涙が溢れそうだったけど、我慢したよ。

今日は助手席にお客様が乗っています。彼女の娘さんは君の後輩。一児のお母さんだよ。

高校時代のアルバムの中の君。生意気にかっこつけている。小学生の時みたいに学校までついていけなかったから、君がここでどんな思い出を作ったのかは分からないけど、楽しそうな笑顔にホッとした。

卒業式では先生が、「瑞輝君は女の子にモテました」って言ってたよ。本当？

彼女の一人でも連れてきてくれれば良かったのに。二人以上は……お断りします。

二〇一一年四月三十日

君の小学生時代の同級生の、お母さんに電話しました。

今日はIちゃんのお母さんと、瑞輝君のお母さんの間柄です。

久しぶりで番号が分からず、小学校の卒業アルバムを開きました。六年生の君、素晴らしいよ。どの写真も輝いている。

同級生みんなの文集を読んでいたら、時間を忘れた。一人一人の住所と電話番号を見ながら、幸せを願った。

みんな元気かな？　二十八歳になっている、君の同級生。それぞれ素敵な大人になって、充実した人生を歩んでほしいと心から願う。

――そう、君の分まで。

二〇一一年五月一日

街路樹の花みずきが、満開だよ。花みずきを見る度、君を想う。

お父さんが「今日、瑞輝とそっくりの青年を見た。ドキッとした」と言って嬉しそうに帰ってきた。

お母さんだって、バイクに乗っている瑞輝を見たよ。飛ばしてたでしょう?

帽子をかぶって、うつ向き加減の青年を見る度に、君の姿と重ねている。

仕方がないね。君はお父さんとお母さんの永遠の宝物だもの。

悔しいよ、瑞輝。

もう少し生きていてくれたら、お母さんは君をどんどんけし掛けて、岩手や宮城や福島に行かせるのに。頑張っている方々が暮らす街に行かせるのに。

そうしたらきっと君も、命の重みに気付くはず。

いまだに未練たらしく、運命をのろう母なのです。

二〇一一年五月二日

救急車が通った。

おじいちゃんが運ばれた時のことを思い出す。サイレンのけたたましい音。

君が逝った、あの日の朝を思い出す。

救急車が通る度、音を聞く度に、締め付けられるような胸の痛みを覚えるのです。

二〇一一年五月五日

初夏だというのに、寒い一日です。

駐車場で車を降りると風の音が聞こえた。君の声に聞こえたよ。

〝お母さん〟って言ったの？

「天国は寒くないですか？」

君は風邪をひきやすいからね。喉の薬を持たせれば良かった。君の逝った日が六月で良かったよ。寒くなかったはずだもの。それが車の中だとしても。

帽子をかぶっている。猫背。黒いジャンパーを着ている。ちょっとがにまた。穴の開いたジーンズ。それが女性であっても、おじさんであっても、今日はみんな君。

今日は子供の日だね。お母さんはもちろん君を忘れない。いくつになっても君は、お母さんの子供だもの。君は永遠。

神様、お願いです。この世では、私のもう一人の子供、もうひとつの宝物を大切にしていますので、どうかどうかお守りください。

二〇一一年五月七日

夕食のあと、「ごちそうさま、美味しかった」と、お兄ちゃんが言ってくれた。そんな何気ない言葉が、お母さんには嬉しいんだ。

珍しく、今日は体調が悪い。何もしたくない。

お兄ちゃんが洗濯をしてくれたり、肩を揉んだりしてくれた。心配してくれた。

優しいね。お母さんは幸せです。

明日は母の日。お兄ちゃんに言いました。

「カーネーションもプレゼントも要らないよ。

ただ、傍にいてくれるだけで」

二〇一一年五月八日

帰宅すると、お兄ちゃんが照れたように「日頃の感謝の気持ちだよ」って、カーネーションをくれました。ビールを添えてね。

昨日は強がって〝何も要らない〟って言ったけど、やっぱり嬉しいね。君だって本当は優しいんだ。小学生の頃、カーネーションを持って自転車で、すっとんで帰ってきたことを忘れないよ。

大きくなってからの君は、優し過ぎたよ。真面目過ぎた。考え過ぎた。〝お母さんに、もうこれ以上迷惑は掛けられない〟って思ったんでしょう？

でもね、瑞輝。それは違うよ。親はね、どんな苦労を掛けられても、子供のためなら頑張れる。命だって投げ出せるんだ。

カーネーションはなくても良い。欲しいのは生きている君。

二〇一一年五月九日

〝お帰りなさい〟って言いたかった。

「行ってくるね」の言葉だけを残し、君は帰ってこなかった。

今でも君の姿を探しているよ。もう帰ってこないことは分かってる。

〝嘘つき〟〝裏切り者〟って思うこともある。

それでも君は愛しい人。産んだのはお母さんだし、育てたのもお母さんだもの……。お母さんが悪いんだ。君をそうさせてしまったんだもの。

君は何のために生まれてきたの？　苦しむためだったの？　幸せと感じたことはある？

きっとあったよね。そう思いたい。そう信じたい。

お母さんは、君という子供がいて幸せだった。君を育てることができて幸せだった。短い時間だったけど、君に幸せをいっぱいもらったよ。

君はお母さんを幸せにするために生まれてきたんだね。もう苦しむことがないように、お母さんは笑顔を忘れないで生きていくよ。愛しい君のために。

二〇一一年五月十一日

仕事を終え、車を降りてからの帰り道。

寒い一日。雨も降ってる。疲れた体に、重たい荷物を抱えて歩くのはしんどいな。

今日も夜空を見上げて君の名を呼んだ。

お母さんは頑張るよ。

二〇一一年五月十五日

実家からの帰り。運転をしていると、君からの電話が鳴るような気がした。〝何時頃帰る〟〝車を貸して〟〝ビデオを返しにいきたい〟それだけの言葉でも良かった。君の声が聞きたい。駐車場では、今日も君に語りかけるよ。〝ただいま〟ってね。

二〇一一年五月十八日

お母さんが頑張っていられるのは、いつか君に会える日を楽しみにしているからなんだ。いつになるかは分からないけど、待っててほしい。ご飯を作るのも、洗濯するのも、買い物に行くのも、掃除をするのも、仕事に行くのも、全部君に会える日が来ることを信じているから。もし、生まれ変わることができたなら、君は何に生まれたいですか？　また、お母さんの子供になってくれるでしょうか？

今度は強い子になって、お母さんのもとに生まれてきてください。そしてお母さんを幸せにしてください。二十八年前のあの日のように。

二七一〇グラムのちっちゃな君は安産で、あっという間に生まれてきました。お医者さんが分娩室に入る前に、看護師さんの手に抱かれていた、せっかちな君。お母さんに何の苦労も掛けないで。いつも大事なことは、自分でさっさと決めてしまったね。

いつの間にかアルバイトをしていたり、教習所に通っていたり、行きたい高校も譲《ゆず》らなかった。自立も早いと思っていた。

それなのに、間違ってしまったのはなぜなの？

君は最後も自分で決めて、さっさと逝ってしまった。

お母さんに何も言わずに。

二〇一一年五月十九日

彼女を後ろに乗せて、颯爽《さっそう》と走るバイクの青年を見たよ。

君も、それくらいになってくれていたらと思います。

主のいないまま置かれている、五十ｃｃのバイク。どうしようか？

なかなか廃車にできない。

二〇一一年五月二十日

パチンコ屋さんの駐車場で、〝頑張ろう。日本〟の旗が風に揺れている。
お母さんも励まされているようだ。頑張ろう。

二〇一一年五月二十一日

どこかで事故があったみたい。パトカーのサイレンが鳴り響いている。
どうしてもあの日の朝のことを思い出してしまう。
もう、思い出したくないのに。

二〇一一年五月二十四日

ごめんね。君のベッドで寝なかった。

昨夜は疲れてソファーで、朝まで寝てしまいました。

だらしないお母さんの癖、変わらない。

二〇一一年五月二十五日

君の仏壇にあげたお茶に、茶柱が立っていました。何か良いことがありそう。

マンションの通路で帽子を目深《まぶか》にかぶった君が歩いてくるような気がした。

幻とは分かっている。今日は、君の姿を何度も見たよ。生きている時の顔。車の中で発見した時の顔。棺の中で眠る顔も見た。様々だけど、現実と非現実が入り混じる、一年が過ぎようとしてなお、募る気持ちがある。

お母さんは、君を忘れない。茶柱が立ったこと、その事実だけが嬉しいの。

二〇一一年五月二十七日

家族三人でファミレスに行ったよ。ハンバーグやピザをたらふく食べました。

君がいたらなあ。四人で来ていると、そう思って食べました。嘔吐して痩せて、食べられなかった君の分まで。お母さんは頑張って食べるよ、生きるために。

二〇一一年五月二十八日

君がよく行っていたお店に、ジーンズを買いにいきました。

君と同い年くらいの、若い店員さんが「いらっしゃいませ」と明るい声で迎えてくれる。その元気の良いこと。素晴らしいよ。

君に似合いそうな、帽子やポロシャツがありました。

もう、買っても仕方がないんだね。

君は店員さんでも、お客さんでもないことを思い知らされる。淋しい現実です。

二〇一一年六月一日

実家の裏に何棟もの家が建ちはじめました。

何を作っていたかは忘れてしまった、工場の跡地に次々と。

おばあちゃんも少しの間そこで働いて、お母さんとおじちゃんたちを育ててくれた。

どんどん思い出が、遠くなる。変わってしまう。

でも、変わらなければいけないんだ。

平屋の実家は古いけど、緑がいっぱい。縁側と畳が心地好い。でも少しずつ、変わっているんだ。

変わらないのは、おじいちゃんを送り、おばあちゃんを送り、そしてこの家から、君までも送ることになったという事実だけ。

二〇一一年六月六日

スーパーからの帰り道。

桜の木の葉っぱがそよそよと揺れていました。

優しいそよ風が、お母さんの頬をなでていく。

そよ風の音が君の声に聞こえたよ。

〝頑張れ、お母さん〟って言っているようでした。

二〇一一年六月十日

君が逝ってしまってから、一年が経とうとしているのに……。仕事中でも、お家でも、君と結びつくことがないところでも、あらゆる場所、場面で、君の面影を探してしまう。

いつもいつも、考えている。

もう少ししたら、お墓参りに行くよ。震災後の岩手の街並みを見にいきます。

君は一人じゃない。

二〇一一年六月十一日

デパートで、「みずき」と子供を呼ぶ声がした。懐かしい名前。忘れられない名前。思わず、その子の行方《ゆくえ》を追う。君と同じで良い子だよ、きっと。しばらくその場に佇《たたず》み、子供の頃の君の母に戻って楽しんだ。

男の子二人を連れた家族連れを見掛けると、セピア色の我が家になる。遠い遠い思い出。その時は一生懸命で、幸せなのに幸せと気付いていなかった。当たり前だと思っていた。君を失った今、自信を持って言うよ。お母さんは、君がいたから幸せだった。

震災から三カ月。津波に流されて、まだ見つからない人がいる。見つからないままに死亡と認めなければいけない現実。残された人は、生きていかなければいけない現実。

二〇一一年六月十三日

実家からの帰り。駅のホームで君を想った。

あの日、君が「行ってくる」と言ったまま帰ってこなかった日。電車で出掛けたお母さんは君の職場近くの駅で降りて、君のいるラーメン屋さんまで、見にいこうかと思ったんだ。

でも、行かなかった。嫌がると分かっていたから。結局君はあの時、お店にはいなかった。とっくに辞めていた。もう、この世にはいなかったんだね。

電車を待つ間、ホームに飛び込んだら君の傍に行けるなって、一瞬思ったよ。もちろん、そんなことはしないけど。

だって、電車が止まると、大勢の人に迷惑を掛けることになる。まだ、そんなまともなことを考えられるから、お母さんは大丈夫よ。死ぬのは今じゃなくて良い。

家に帰ったら、お兄ちゃんが待ってた。イライラして喧嘩しちゃったよ。大事な大事なお兄ちゃんと。

こんな駄目な、お母さんだもの。まだまだ君の傍には行けません。

二〇一一年六月十五日

君を想ってくれる人が君のために、お花や、お線香を手向けにきてくれました。

一年経っても悲しみは消えない。誰ひとり、君を忘れていないよ。

みんなが、君を愛してくれているよ。

二〇一一年六月十八日

〝岩手に君に逢いにいく〟
残された家族に続々とメッセージが届きました。
瑞輝に、瑞輝に、瑞輝に、供えてあげて。
瑞輝に、瑞輝に、瑞輝によろしくね。

――君は幸せだよ。

瑞輝回想

天国の瑞輝、二十九歳のお誕生日おめでとう。

お母さんは、君のことを考えない日はありません。

これからもずっと、そうだと思う。来年も再来年も、お母さんが死ぬまで、君の誕生日には年を数えるよ。お母さんは、天国で君に逢える日を楽しみに生きていく。

それまでは、自分に正直に自然体で、泣いたり笑ったりして生きていこうと思います。

逢えたその日には、君に誓うよ。また、お母さんの子供になってね。今度こそ、心の壊れない、強い子供に産んであげるよ。

君が天国に旅立ってから、二回目の冬がもうすぐ訪れる。お母さんは大丈夫だよ。頑張れる。君の家族は力を合わせて幸せになるからね。

君が悲しまないように。君が空から笑ってくれるように。


一九八二年十一月十二日、午後〇時四十分、瑞輝は、この世に生を受けました。

体重二七一〇グラム、身長四十七センチの元気な男の子。

手を煩《わずら》わせることのない母思いの安産で、分娩室に入った途端、お医者さんを待つことなく生まれ、気付くと看護師さんの腕に抱かれていました。

長男誕生の時急いで逢いにきた父は、病院の前に路上駐車をして近隣の方にこっぴどく叱られた、痛い経験をしています。今度は二度目だし、そんなことはなかったはずだけど、病室に到着した時の息は切れていました。

いたずら好きな君は、お母さんを驚かせたかったのかな。取り上げてくれたのはお医者さんではなく、看護師さんでした。

対面した君は、更にお母さんをびっくりさせた。あまりに毛深くて、その上肌の色も真っ黒で、小熊みたいだったの。白状すると、秘かに女の子が欲しいと思っていたから、少しショックでした。

名前は瑞輝。女の子のような響きは、そんなお母さんの夢の名残《なごり》かもしれません。瑞輝という名前、君はあんまり気に入らなかったみたいだけど、お母さんは大好き。〝みずりん〟と、お友達や高学年のお姉ちゃんたちに呼ばれると、恥ずかしそうだった。

お母さんが〝瑞輝〟って呼ぶと、「お兄ちゃんには〝くん〟がつくのに、どうして僕は呼び捨てなの？」って口をとがらせて怒っていたこともあった。君のプライドだったんだね。

でもね、君は家ではもうひとつ呼び名があったんだよ。〝ちびすけ〟。

君はお父さんに〝ちびすけ〟って呼ばれていたんだ。ちっちゃくて可愛い君は、天使みたいだった。呼び捨てにしていたのは君が、我が家の二人目のアイドルで、愛していたからなんだよ。

公園デビューは、お兄ちゃんがいたおかげでたやすかった。君はあっという間にお友達を作って、滑り台や砂場を、我が物顔で占領していました。おもちゃの取り合いをすることもあった。女の子と手をつないで走ることもあった。喧嘩をしてもすぐに仲直り。いつも君の周りは、明るい笑顔と歓声が溢れていました。

少し大きくなって、一人で外に出ていけるようになってからは、団地の四階の台所の窓から君を見ていた。君は朝から夕方うす暗くなるまで、目いっぱい遊んでいたね。『夕焼け小焼け』の音楽が鳴っても帰ってこなくって心配しながら待っていると、窓の下から大声で叫ぶ二つの小さな頭があった。

お兄ちゃんと一緒に「お母さ～ん、もう少し遊んでて良い？」って懇願してる。甘いお母さんは、大抵「良いよ。でも、もう少しだけだよ」って答えたね。

そんなやりとりが、幸せだった。

君がカーネーションを持って自転車に乗って帰ってくる姿を見ていたのも、同じ窓でした。すみれ組、きく組、まつ組。保育園での君。何をするのも一生懸命だった。笑っている時も、泣いている時も、怒っている時も。運動会、お兄ちゃんみたいにリレーのアンカーには選ばれなかったけど、お母さんと障害物競走で頑張った。組み体操では一番上。並び順も一番前。先生の笛に合わせて誇らしげに、前にならえをしていた。鼓笛隊では小太鼓を体いっぱい使って叩いたね。お遊戯会、お猿の役や小さな剣士の役で、舞台の上を走り回った。上手だったよ。お母さんは嬉しくて、〝あの男の子はうちの子なんです〟って言って回りたいほどだった。まつ組のみんなとのコーラス。大きな声で元気に歌ってる。

あれは、『一年生になったら』だったかな？　君はほんとにお友達が百人いたっておかしくなかったよ。卒園遠足はサマーランド。いっぱい乗り物に乗って遊んだ。プールでは魚みたいに泳いで、いつまでも上がらない。おぼれているんじゃないかと思って、お母さんは、ハラハラしてた。

担任の先生からの連絡帳には〝運動会は最後までしっかりとよく頑張りました〟〝遠足では大変な山道も身軽に歩き回り、にこにこと嬉しそうでした〟〝のびのびと無邪気で憎めない半面、調子に乗り過ぎると危ない所が要注意です〟〝お遊戯会の練習では、おろちの役を気に入り元気にやっています。恥ずかしがらずに踊ったり、台詞《せりふ》を言っていますが、やはり瑞輝君らしく、のびのびとして明るいです〟〝自立心を持ち、成長している姿を見ていると嬉しく感じました〟〝瑞輝君の優しい所と笑顔はとても素敵だと思います〟だって。

天真爛漫《てんしんらんまん》な君。お母さんが花丸をあげるよ。

保育園には自転車で通った。お兄ちゃんが後ろで、君が前。昔は今のように交通ルールが厳しくなかったから、運転の下手くそなお母さんでも、君を前に乗っけて歩道を走ることができました。車道を走るなんて、運動神経の鈍いお母さんには無理だな。子育てが今じゃなくて良かったよ。どんなに頑丈なヘルメットをかぶったって怖いもの。でも、帽子の似合う君のヘルメット姿、見てみたい気もする。

いつだったか、お店の前に君を乗っけたまま駐輪したことがあって、買い物の間、自転車ごとひっくり返ってしまった。痛かったね。ごめんね。もう、二十五年以上経っているから、時効にしてちょうだい。

一九八九年の四月、君はピカピカの一年生になりました。ランドセル、小さな君の背中には、大きくて重そうだった。でも、高学年のお兄ちゃん、お姉ちゃんに守られながら、元気に通ったね。一年一組九番。団地では一足早く少子化が進んで、二クラスしかなかった。少ない人数だったからかな？　女の子も男の子もみんな仲良しだった。

そんなクラスメートに囲まれて、帽子を前と後ろを逆にしてかぶり、真ん中でみんなと肩を組んでいる君は、いつも笑っていました。マラソン大会での君の頑張り、根性にはびっくりした。家での評価は〝何でもやりっぱなしで、飽きっぽい〟だったから。今ここで、撤回するよ。

体育と図工はさておき、算数や国語の成績は、言い訳できない君の名誉のために秘密にしておく。何と言ったって、卒業文集の中の君は、優しい男の子のナンバーワンなんだ。お母さんの中ではオール5だよ。

二年生の時に、お兄ちゃんと一緒のサッカー少年団に入りました。ボールを懸命に追いかけた。入りたての時は、全員が一個のボールをめがけて走ってたね。駄目だな。サッカーには〝フォワード〟や〝ディフェンダー〟っていうポジションがあるんだ。

でも中学年、高学年になると、いつの間にか上手になってた。コーチの指導を真剣に聞いて練習した。

〝サッカーは頭も使うけど、格闘技でもある〟

本当？　お母さんは、ポジションなんて威張ってみたけど、オフサイドの意味をいまだに理解できない。何を見ていたのだろう？　お兄ちゃんの時から、君を連れて応援に行っていたのに……。

今なら分かる。きっとね。試合の勝ち負けなんてどうでも良かった。「頑張れ」って、声を張り上げながら見ていたもの、応援していたのは、君たちが一生懸命走る姿だったんだ。

お母さんにもサッカーを通してたくさんの友人ができました。一緒に、試合の度に付き添った。校庭での練習も、怪我をしないように順番に見にいきました。夏休みには小学校の家庭科室を借りきって、お母さんたちの作ったカレーライスをみんなで食べたね。食べざかりの君たちは、お代わりをいっぱいしてくれた。そう、君もね。

六年生まで毎年、コーチの運転する車で、千葉県での合宿にも行きました。民宿に泊まって、仲間と一緒にご飯を食べて、お風呂に入って、ひとつの部屋に布団を並べて、次の日の試合に備えた。先輩も後輩もなかった。汗びっしょりで、埃《ほこり》まみれの君たち。賑やかで、うるさくて、元気いっぱい。エネルギーが有り余っているみたいだった。

炎天下での応援、荷物を持っての移動、試合後の洗濯、全て大変だった。でもね。お母さんも若かったんだな。どんなに疲れていても、楽しかった。サッカー場で、キラキラと輝いていた君。若いお母さんも、気持ちは一緒でした。

高学年になるにつれ、幼かった君の顔は少しずつ凛々しくなっていきました。帽子もまっすぐかぶるようになった。ランドセルも小さくなった。お母さんの悩みも聞いてくれて、頼もしかった。

信じて疑わなかった。〝歯が痛い〟というだけで、しくしく泣いていたのが嘘のよう。君は、一歩一歩着実に、大人への階段を昇りはじめていると。絵を描くことが好きになったのも、この頃だった。好きなのは漫画だけと思っていたら、油絵で描いた風景画。入選したね。お母さん、君に面と向かってちゃんと言ってなかった気がする。もう一度言わせてね。

「おめでとう」

日光の移動教室では、蝶々のブローチをお土産に買ってきてくれた。もったいなくてつけられない。今もお母さんの宝物だよ。大切にするね。

「ありがとう」

夏休みには、もうひとつ楽しみがありました。

父の故郷、岩手への帰省。高速道路を走る間、君とお兄ちゃんが飽きないように、『キン肉マン』のテープをかけた。家族四人で大合唱したね。お母さんはしばらくの間、帰ってからも〝きんにくま〜ん〟のフレーズが耳について、離れなかったよ。

岩手の海は、今と同じように青くて穏やかだった。たくさん泳いだね。おばあちゃんの炊いてくれたトウモロコシとおにぎりを持っていった。砂浜では新鮮なウニやムール貝、ホタテを頬張った。割ったウニを、指ですくって食べている時の君。バーベキューの最後には、決まってインスタントラーメンを作った。お皿にホタテの殻があったのに、鍋からそのまますくって食べていた君。忘れられない。

龍泉洞に行った時には、君はおしっこを我慢できなくてね。洞窟の端っこで、立ちションをしてしまった。あんな厳《おごそ》かな場所でだよ。これも時効かな。神様に許してもらえるかしら？　お母さんのしつけが悪かった。

夏の終わりには、お兄ちゃんや従兄のT君、Kちゃんと一緒にトンボを追いかけた。親戚のおじさんが取ってきてくれたカブトムシに目を輝かせてもいた。行った回数は決して多くはないけれど、君にとって岩手は安らぎの場所だったのかもしれない。手ぬぐいを頭に巻いて、犬と戯《たわむ》れる姿。おばあちゃんと一緒にトウモロコシを取る姿は、地元の子そのものだった。

ゆったりとした性格の、岩手の伯父さんと気が合って、よく話もしていた。

君が死を決意した前の年。岩手を訪れ、青い海、青い空を見つめている写真がある。静寂が伝わるなか、安心しきったような君の背中を見て、岩手を君の安住の地と決めました。

中学生になってからも、君はサッカー部に入った。まだ、子離れできないお母さんは、校庭の隅っこで試合の応援をしました。君に分からないようにと思ったけど、いつの間にか真ん中に行ってしまったね。運動会でも、合唱コンクールでもそうだった。君が恥ずかしそうにしてたって、へっちゃらで拍手をしたり、声を張り上げて追っかけをしました。

二年生になった頃、もう大丈夫と思って、お母さんは夜勤のある仕事に就いた。寝坊しがちの君は、お母さんが留守の朝は決まって所沢のおばあちゃんにモーニングコールを求めていたね。おかげで遅刻は免《まぬが》れた。

でも、少しずつ悪いことも覚えていった。お母さんに内緒で、煙草を吸っていなかった？　中学生の分際で。内緒にしたってお母さんは知ってるよ。

小学生の時は、優しさと同時にユーモアもあって面白い人にも選ばれていた君から、少しずつ言葉が消えていったのもこの年頃。難しい季節。明るくて優しい性格は変わっていないのに、自分の気持ちを素直に表現できない。

それでも前を見ていてくれたから、お母さんは何の心配もしていなかった。実力よりもレベルの高い高校を、先生の反対を押し切り、選んだ。そして台所のテーブルで一生懸命勉強してた。塾にも通った。

見事合格。あんまり、お母さんに相談したり、弱音を吐かない君。淋しさも感じたけど、誇らしくもあった。

自分で何でもできるって、思っていなかった？

でも、高校に合格できたのは、お母さんが、お弁当に〝とんかつ〟を入れたからかもしれないよ。もちろん君の努力が一番なのは、認めるけれど。

高校生になった君。制服が似合っていたよ。入学式から、お母さんが学校に行ったのは数えるほど。それでも一年生の時には役員を引き受けたから、関わらなかったわけじゃない。学園祭、体育祭、君の青春を少し離れて見ていた。サッカーは、中学校で終わり。選択で美術を選んではいたけれど、クラブは何だったんだろう? 帰宅部だったんじゃないのかな?

入学と同時に、公園で喫煙。呼び出されたことも懐かしい思い出。十六歳でバイクの免許、十八歳で車の免許。それも教習所には勝手に通っていた。

ガソリンスタンド、お蕎麦屋さん。アルバイトも自分で決めてきた。お寿司屋さんでは、T君と一緒に働いていた。「軍艦巻きができるんだ」って胸を張っていたね。自立心の強い君は、何だか忙しそうだった。三年生になって進路を決める時にも、自分で〝絵の勉強をしたい〟って言ったんだ。

絵の学校には、リュックサックを背負って通った。学生らしくさわやかだった。初めての電車通学。「行ってきます」と言って、元気に出ていった君。それが一週間で辞めてしまうとは……。

あとから、送られてきた画材や教材の数に愕然とはしたけれど、いつか趣味として使えば良い。そんなことを思って受け入れました。でも長い間、君は包みを開けようとしなかったね。

　同級生から「瑞輝に携帯がつながらない」と言われたのもこの頃。それでも酒屋さんの配達やお掃除、警備の仕事を探して働いていたから。言葉数は少なかったけれど話はしていたから。少しでもお金を入れてくれていたから。ビデオ屋さんに行く時は車を貸していたから。お母さんが足を骨折した時、遠くの病院まで送り迎えをしてくれたから。だから……だから、その時のお母さんは、深刻に考えていませんでした。君は絶対に希望を見つけると思っていました。

　少しずつ君の表情から笑顔が消えた。仕事もすぐに辞めて、引きこもりのようになってしまう。それでもお母さんは、信じていました。ラーメン屋さんの仕事をしながら、再び絵を描きはじめた君を。〝いつか漫画家になりたい〟って言っていた君を。

　好物の鶏のから揚げやチャーハンを作った。誕生日には、二人でお寿司屋さんやファミレスに行ってお祝いした。

　お母さんはね。できることを何でもやってあげて、小さい時と同じように、君の応援をしたかったんだ。

　スナップ写真や卒業アルバムを見ながら、君のことをいっぱい思い出している。

　もう一度、君を育てているような感覚に包まれて、幸せな気持ちになった。

生まれた時の感動が甦る。

無邪気に笑う姿。幼なじみ、友達、先生、お友達のお父さんお母さんに囲まれて、にこにこしている君。今にも飛び出してきそうだ。

〝可愛い可愛い〟が、〝たくましい〟に変わり、不器用な中にも成長している姿がそこにはあった。けれど、高校生の頃になると突然のように写真が一枚もなくなる。

唯一残されている卒業アルバムの中、ウエーブのかかった薄茶色の髪、制服を着てポーズをとる君を見て、青春を知る。数枚残されたそれらの写真は、うつむいてばかり。前を向いている写真はない。

勘弁してね。遺影の写真は運転免許証のものだよ。

写真を前に、〝君は何のために生まれてきたんだろう？〟と考えた。

子供の時はお母さんに、子育ての喜びを与えてくれた。

大人になってからは自分の生涯と引き換えに、命の大切さを教えてくれた。

それを伝えるために、君は神様に選ばれて生まれてきたんじゃないのかな？

伝えることが、使命だったんじゃないかと思うんだ。

瑞輝、神様っているんだね。

北島康介選手でも、宇多田ヒカルさんでもない君の、そしてまして、手塚治さんでもない君の、二十七年の軌跡を残してくれるというのです。出版社の方が、名もない君の人生を知って、涙を流してくれるのです。お母さんの話を、真剣に聞いてくれるのです。

――二〇一二年、夏。

やせっぽちで小柄な青年は、再びこの世に生を受ける。

瑞輝、神様っているんだよ。

お母さんが、漫画家になりたかった君の夢、叶えてあげる。

そして、君のファン、第一号になる。

あとがき

瑞輝が小さい頃、自分の名前を気に入らなかったように、実は私も長い間、〝明美〟という自分の名前を好きになれずにいました。引っこみじあんな気持ちとは裏腹に、何だか派手なイメージで、嫌だったのです。

けれども年を重ねるにつれて段々と愛着が湧き、両親の名前に込めた想いが分かるようになりました。

今では〝好き〟と胸を張って言えます。私は両親の願い通り、わずかばかりの明るさを兼ね備えているようです。

確かに息子を失った悲しみは大きく、悩み、苦しむ日々は続きました。後悔したり、諦めたりを繰り返し、たくさんの弱音を吐きました。

でも、今は少しずつ元気を取り戻しています。

家族や兄弟、友人、仕事の仲間等、私の周り全ての方の支えがあって、前を向くことができるようになりました。

私は、せいいっぱい生きた息子を、誇りに思っています。短かったけれど、息子と過ごした時間は、とても幸せでした。

ただ一つ悔いがあるとすれば、じっくり話を聞いてやれなかったこと。〝何かが起きている〟と感じていながら、〝うつ〟という病気と、真剣に向き合おうとしていなかったのではないだろうかという思いです。

私には、闘い方が分かりませんでした。

そんな心残りがあって、このような形で、息子に自分の気持ちを伝えたいと思いました。


もし今、息子と同じように苦しんでいる方がいらっしゃるとしたら、少しでも気持ちが和らぎますように。大切な人が味方でいてくれていることに、心配してくれていることに、気付くことができますように。

そして一人でも多くの方の命が救われますように。

切に願います。


この本を手に取り読んでくださった皆様、本当にありがとうございました。

さぞかしご心配をお掛けしたことと思います。

私は、大丈夫です。

元気ですので、どうぞ安心してください。
この本を出版するにあたり、私に力を貸してくださった文芸社の皆様。
本当にありがとうございました。
息子とともに、心から感謝申し上げます。

篠澤　明美

巻末ギャラリー

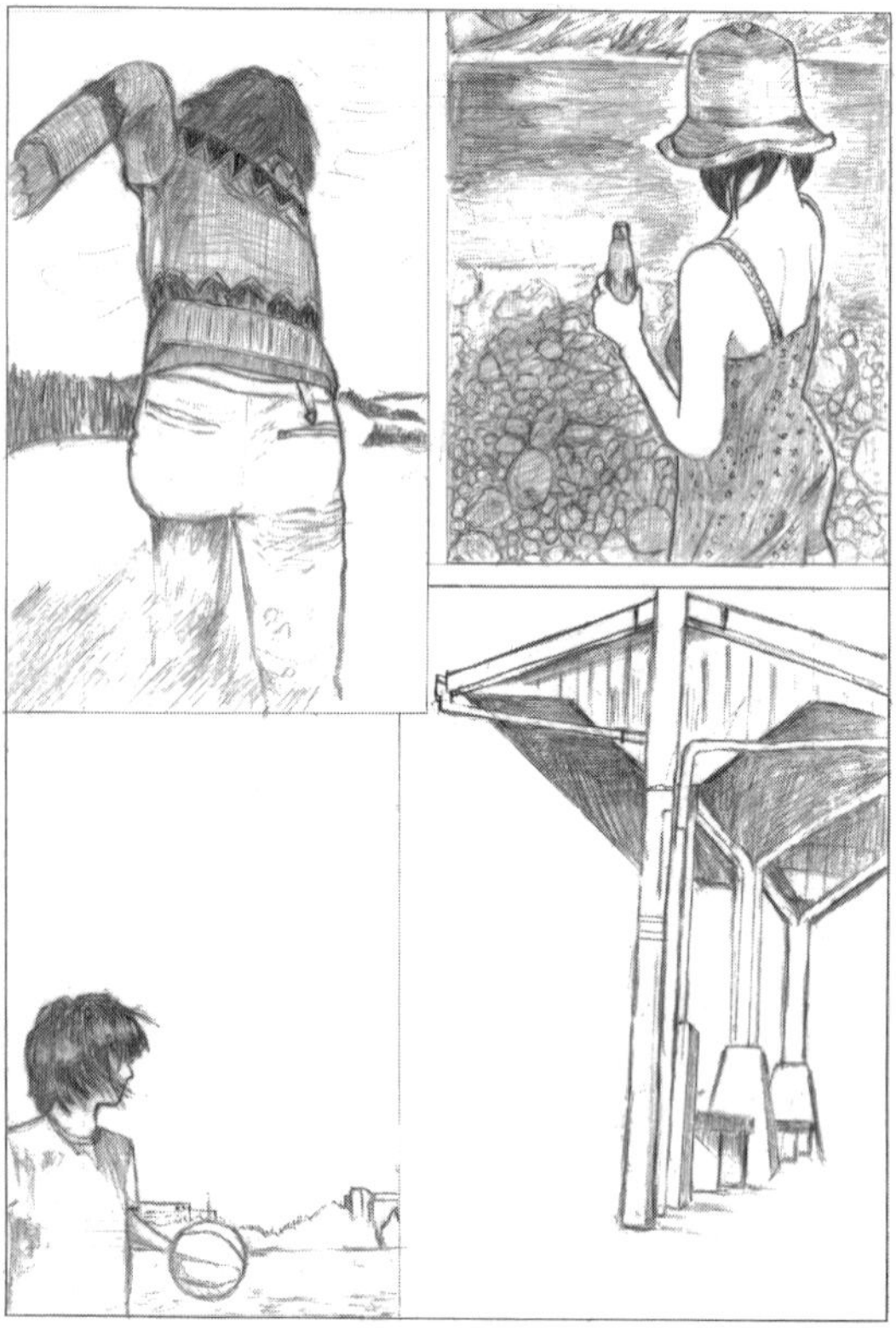

MIZUKI

著者プロフィール

篠澤 明美（しのざわ あけみ）

1954年、埼玉県出身、東京都在住。
介護老人福祉施設で介護職員として勤務。

君の声が聞こえる

2012年 8 月15日　初版第 1 刷発行

著　者　篠澤 明美
発行者　瓜谷 綱延
発行所　株式会社文芸社
〒160-0022　東京都新宿区新宿1－10－1
電話　03-5369-3060（編集）
03-5369-2299（販売）

印刷所　株式会社フクイン

ISBN978-4-286-12338-7